车工初级项目训练教程

主　编　秦文伟　王晓忠
参　编　佘华英　吕　伟

机械工业出版社

本书是根据职业教育的特点和人才培养方案，按照新《车工国家职业技能标准》中对车工的要求编写的，针对车工初级考核的项目训练。本书的内容主要包括：车床基础知识，车刀及其刃磨，外圆的车削，中心孔与夹顶车削，外圆锥的车削，车槽与切断，孔的车削，成形面的车削和表面修饰，滚花，三角形外螺纹的车削及初级考核综合训练。除车床基础知识项目外，每个项目都有技能训练和拓展训练，并配备了加工工艺和评分标准，便于初学者掌握和检验车工技能的水平。

本书是项目式训练，形式新颖、独特，内容实用，文字精炼，图文并茂。不仅适合技工学校、中高等职业学校使用，还可用于初级技术工人培训、岗位培训等各类培训。

图书在版编目（CIP）数据

车工初级项目训练教程/秦文伟，王晓忠主编．—北京：机械工业出版社，2013.2（2022.8 重印）
ISBN 978-7-111-40568-9

Ⅰ.①车… Ⅱ.①秦…②王… Ⅲ.①车削-教材 Ⅳ.①TG51

中国版本图书馆 CIP 数据核字（2012）第 284284 号

机械工业出版社（北京市百万庄大街 22 号 邮政编码 100037）
策划编辑：周国萍　　责任编辑：周国萍　陈建平　王海霞
版式设计：闫玥红　　责任校对：申春香
封面设计：姚　毅　　责任印制：刘　媛
涿州市般润文化传播有限公司印刷
2022 年 8 月第 1 版第 6 次印刷
169mm×239mm · 10 印张 · 179 千字
标准书号：ISBN 978-7-111-40568-9
定价：28.00 元

电话服务　　网络服务
客服电话：010-88361066　机　工　官　网：www.cmpbook.com
010-88379833　机　工　官　博：weibo.com/cmp1952
010-68326294　金　书　网：www.golden-book.com
封底无防伪标均为盗版　机工教育服务网：www.cmpedu.com

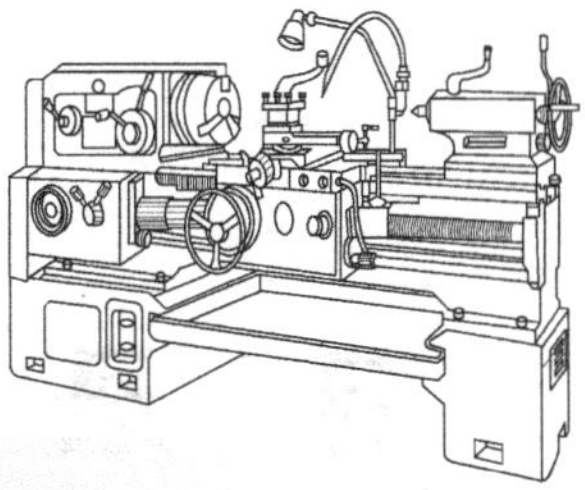

前　言

随着我国经济的快速发展，机械制造业对具备熟练技能的专业技术工人的需求日益增长；培养高技能人才，已成为现代技能培训面临的迫切任务。本书是根据高等职业教育的特点和人才培养方案，按照新《车工国家职业技能标准》中对车工的要求编写的。

在机械制造业中，车工是最普及，也是最重要的工种之一。本书根据项目训练的要求，在内容的选择上，突出了理论和实践相结合的特点，力求用最少的篇幅，精炼的语言，由浅入深地讲述车工应掌握的工艺理论与操作技能，重点培养实际操作技能；简化了相关理论基础的篇幅，对具体的操作步骤和操作要点作了详细讲述，以利于提高解决实际问题的能力。本书共有十一个项目，对车床的基础知识，车削轴类零件、孔类零件、成形面、螺纹及综合加工等初级内容进行了详细的讲解，同时也介绍了车工加工工艺的相关知识和操作技巧。

本书由无锡机电高等职业技术学校组织编写，由秦文伟、王晓忠主编，参加编写的有余华英、吕伟。

本书在编写过程中得到了学校领导和同事的关心与支持，在此一并致谢。本书编写力求严谨完善，但由于编者水平有限，疏漏错误之处在所难免，诚恳希望广大读者批评和指正，以便进一步修订完善。

编　者

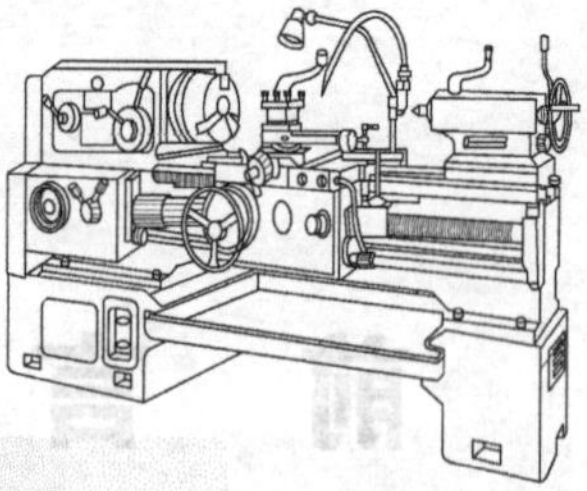

目 录

项目一

车床的基础知识

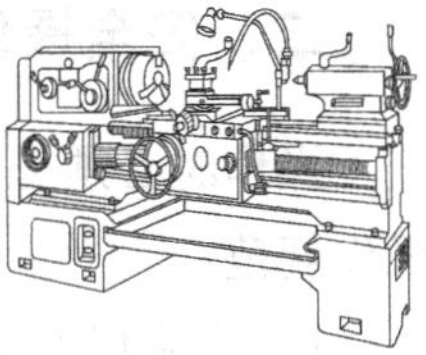

学习目标：

1. 了解安全操作规范和文明实习。
2. 学会车床的操作知识与维护保养方法。
3. 掌握游标卡尺与外径千分尺的使用方法。
4. 掌握车床的操作技能。

任务一　安全操作规范与文明实习

车工实习课的任务是培养学生全面掌握本工种的基本操作技能，会加工本工种初、中、高级技术等级的工件，能熟练使用、调整本工种的主要设备并独立进行车床的一级保养。要求学生能正确使用工具、夹具、量具和刀具，掌握安全生产知识，养成文明实习的习惯，养成良好的职业道德。

一、课程特点

车工实习主要是为了培养学生全面掌握车床操作的技能、技巧，与理论教学相比有如下几个特点：

1）在指导教师的指导下，通过示范、观察、模仿、反复练习，使学生掌握基本操作技能。

2）要求学生经常分析自己的操作动作，善于总结经验，改进操作方法，以更快地掌握操作技能。

3）通过科学化、系统化和规范化的训练，让学生练就扎实的基本操作技能，练出一身真本领，以后能主动适应企业的生产环境。

4）车工实习教育是结合实际生产进行的，所以在整个实习阶段都要牢牢树立安全操作和文明实习的思想。

二、安全操作规范

操作时必须提高纪律执行的自觉性，遵守规章制度，并严格遵守下列安全操作规范：

1）为确保安全，学生进入车间不准嬉戏打闹，不准做与实习无关的事情。

2）上机操作前必须穿好工作服，戴好安全帽和防护眼镜，不准戴手套。女学生的长发或辫子应塞入帽内。

3）牢记安全事项，每一新课题应先背出相关课堂笔记后方准上机操作。实习时，必须集中精力，不允许擅自离开车床。

4）工件和车刀必须装夹牢固，以防飞出发生事故。不准两人同时操作同一台车床，不准用手拉或嘴吹的方式清除铁屑。

5）装卸工件、车刀，测量工件，清除铁屑等时应先关掉主电动机。卡盘扳手不准停放在卡盘上，不准用手去刹住转动的卡盘。

6）操作时应先开机低速运转，检查车床各部位是否正常，并按要求加油，若发生故障，请立即切断电源并报告教师处理，不准随意装拆车床上的设备。

7）严格遵守砂轮机使用安全操作规程，不准磨削与实习内容无关的一切物品。

8）每天实习结束时应该做好设备、工具、量具和周围场地的清洁工作，并按规定加油，切断车床总电源。

安全操作规范是为了保障操作人员和设备的安全，防止工伤和设备事故发生，同时也是学校进行科学管理的一项十分重要的手段。安全操作规范中的具体要求和规章制度是对长期生产活动中的实践经验和教训的总结，操作者必须严格执行。

三、文明实习

1. 车床操作的其他注意事项

除了要对车床进行定期保养以外，在操作时还必须做到以下几点：

1）开动车床前，应检查车床各部分机构是否完好，有无防护设备，各传动手柄是否放在空挡位置，变速齿轮的手柄位置是否正确，以防开动车床时因突然撞击而损坏车床。车床起动后，应使主轴低速空转1~2min，使润滑油散布到各运动机构（冬季尤为重要），等车床运转正常后才能工作。

2）工作中的主轴需要变速时，必须先停车，等主轴停止后才能调整变速手柄；变换进给箱手柄的位置要在主轴低速时进行。对于使用电气开关控制正、反转的车床，不准用正、反操作紧急停车，以免损坏车床。

3）为了保证丝杠的精度，除车螺纹外，不得使用丝杠自动进给。

4）不允许在卡盘上、床身导轨上敲击或校直工件；床面上不准放工具或工件。

5）装夹、找正较重的工件时，应用木板保护床面；下班时若工件不卸下，要用千斤顶支承。

6）车刀磨损后，应及时刃磨。用钝刃车刀继续切削会增加车床负荷，甚至损坏车床。

7）车削铸件、气割下料的工件时，导轨上的润滑油应擦去，工件上的型砂杂质要去除，以免磨坏床面导轨。

8）用切削液时，要在车床导轨上涂润滑油。冷却泵中的切削液要定期更换。

9）实习结束后，应先清除车床及周围的切屑及切削液，再按规定在加油部位加注润滑油，并将大滑板摇至床尾一端，各传动手柄放在空挡位置，关闭电源。

2. 正确摆放物品

1）工作时所用的工具、夹具、量具以及工件，应尽量集中放置在操作者的周围。放置物件时，用右手拿的放在右边，左手拿的放在左边；常用的放近些，不常用的放远些。物件放置应有固定位置，使用后应放回原处。

2）工具箱内的物件应分类放置，并保持清洁、整齐。物件应放置稳妥，重的放下面，轻的放上面。

3）图样、工艺卡片应放得便于阅读，并注意保持清洁和完整。

4）毛坯、半成品应和成品分开，并按次序整齐排列，使之方便放置和拿取。

5）工作位置周围应经常保持清洁、整齐。

3. 正确使用工具和爱护量具

1）每件工具应放在固定位置，应当根据工具的用途来使用。例如，不能用扳手代替锤子，不能用钢直尺代替螺钉旋具。

2）爱护量具，保持清洁，用后擦净、涂油，放入盒内并及时归还工具室。

4. 正确使用砂轮机

1）开动砂轮机前，首先认真检查砂轮是否完好，砂轮与罩壳之间有无杂物，确认无问题后方能起动。

2）禁止使用磨损严重的砂轮，听见异响，应迅速关闭电源，并报告教师。

3）砂轮起动后，要空运行2～3min，待运转正常后才能使用。

4）使用砂轮不能用力过大，不准撞击砂轮，禁止在砂轮上磨过大或过小的工件，以防发生意外。

5）严禁两人同时使用同一块砂轮，不准在砂轮侧面磨工件。操作者应站在砂轮侧面，避免砂轮崩裂时发生事故。

6）刀具的材料不同，使用的砂轮也不同，应正确选择。

7）砂轮机用完后应关闭电源方能离开。

任务二　游标卡尺与外径千分尺

一、游标卡尺的结构和形状

游标卡尺的样式很多，现以常用的游标卡尺为例来说明其结构，如图1-1所示。Ⅰ型游标卡尺由尺身3和游标5等组成，旋松固定游标用的制动螺钉4便可进行测量。外测量爪1用来测量工件的外径或长度，刀口内测量爪2用来测量内孔直径或槽宽，深度尺6用来测量工件的深度尺寸。测量时，移动游标使量爪与工件接触，便可直接读数或旋紧制动螺钉4后再读数。

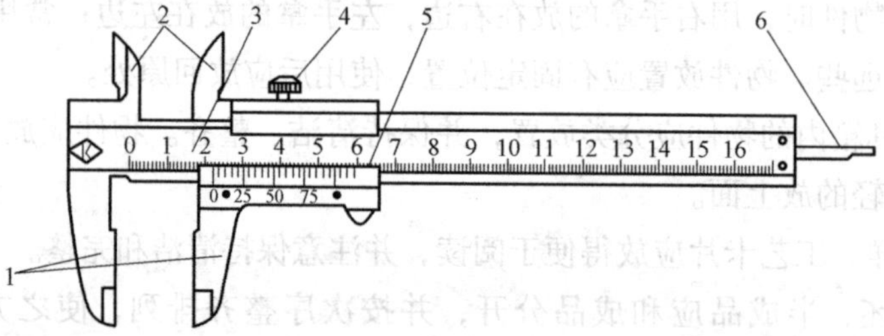

图1-1　Ⅰ型游标卡尺

1—外测量爪　2—刀口内测量爪

3—尺身　4—制动螺钉　5—游标　6—深度尺

1. 游标卡尺的读数

游标卡尺的分度值由尺身和游标的最小刻度值之间的差值来确定。常用的游标卡尺分度值为0.02mm。游标卡尺的读数方法如下：

1）先读游标0刻度线左侧尺身上的整毫米数。

2）在游标上从0刻度线开始计数，第几条刻度线与尺身上某一条刻度线对齐，将游标上数出的刻度线数与游标卡尺的分度值的乘积作为游标的读数，即小数部分。

3）将尺身读数与游标读数相加得出测量的实际尺寸，如图 1-2 所示。

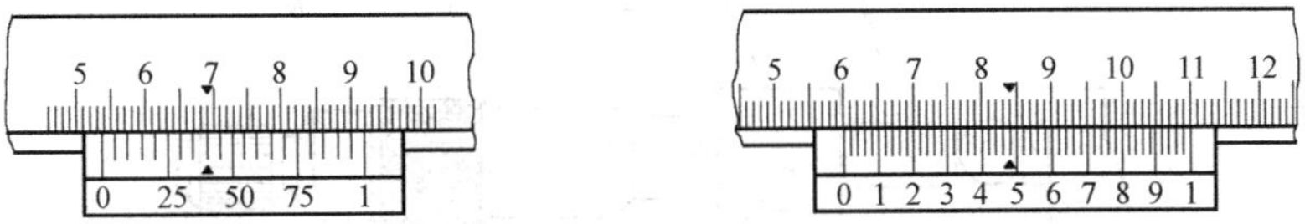

53mm+8×0.05mm=53.40mm

a)

60mm+24×0.02mm=60.48mm

b)

图 1-2 游标卡尺的读数方法

a）0.05mm 分度值游标卡尺的读数方法 b）0.02mm 分度值游标卡尺的读数方法

2. 游标卡尺的使用方法

测量前先检查并校对零位。测量时移动游标并使量爪与工件被测表面保持良好接触，取得尺寸后，把制动螺钉旋紧后再读数，以防尺寸变动，使得读数不准。游标卡尺的使用方法如图 1-3 所示。

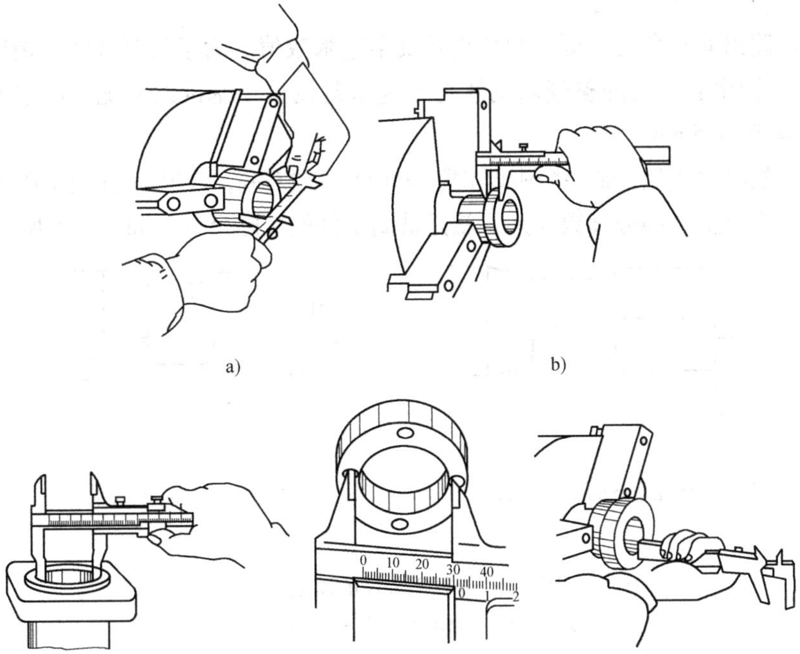

a) b)

c) d) e)

图 1-3 游标卡尺的使用方法

a）测量外径 b）测量宽度 c）测量孔径 d）间接测量孔距 e）测量深度

二、外径千分尺（图 1-4）

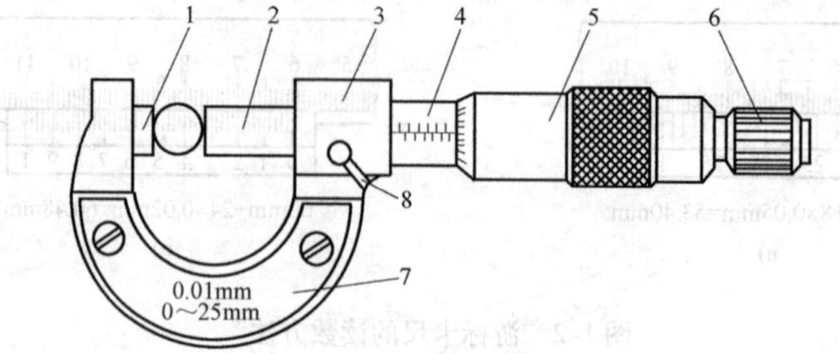

图 1-4　外径千分尺

1—测砧　2—测微螺杆　3—螺母套管　4—固定套管　5—微分筒
6—棘轮旋柄　7—尺架　8—锁紧装置

1. 外径千分尺的读数方法

外径千分尺是千分尺中最常用的一种，常见分度值为 0. 01mm、0. 001mm、0. 002mm 和 0. 005mm 等。

1）读出固定套筒上刻线的整毫米及半毫米数值。为了使刻线间距清晰，易于读出，固定套筒上的整毫米刻线与半毫米刻线位于基准线两侧，应注意不要错读或漏读 0. 5mm。

2）找出微分筒上哪一条刻线与固定套筒基准线对齐，读出微分筒上的数值。

3）将以上两部分读数相加，就是被测工件的实际尺寸，如图 1-5 所示。

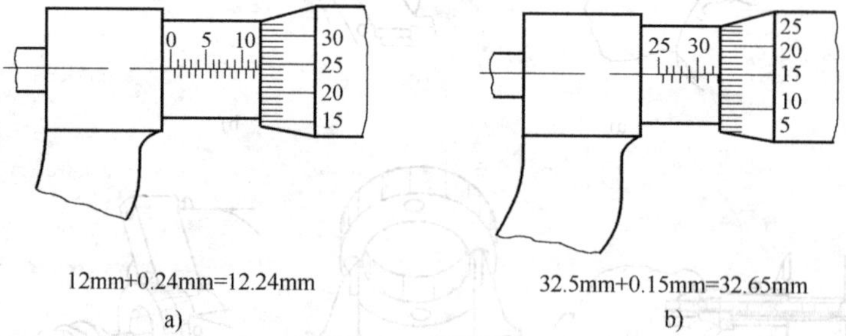

图 1-5　外径千分尺的读数方法

a）未过半毫米刻线　b）过半毫米刻线

2. 外径千分尺的使用方法

由于测微螺杆的长度受制造上的限制，其长度一般为 25mm。因此，应根据工件的尺寸，选用相应测量范围的外径千分尺。用外径千分尺测量工件尺寸之前，应检查外径千分尺的零位，即检查微分筒上的零线和固定套筒上的零线是否对齐，测量中要避免零位不准产生的示值误差，并加以校正，如图 1-6 所示。

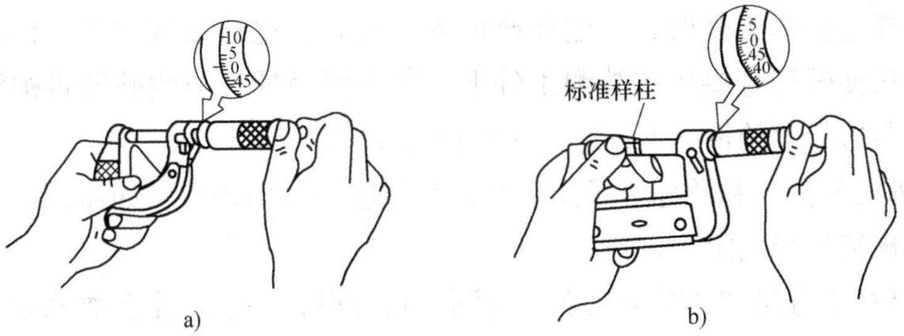

图 1-6 外径千分尺零位的检查

a）0 ~25mm 规格 b）大于 25mm 规格

在测量时，外径千分尺可单手握、双手握或将尺架固定在基座上进行操作，如图 1-7 所示。

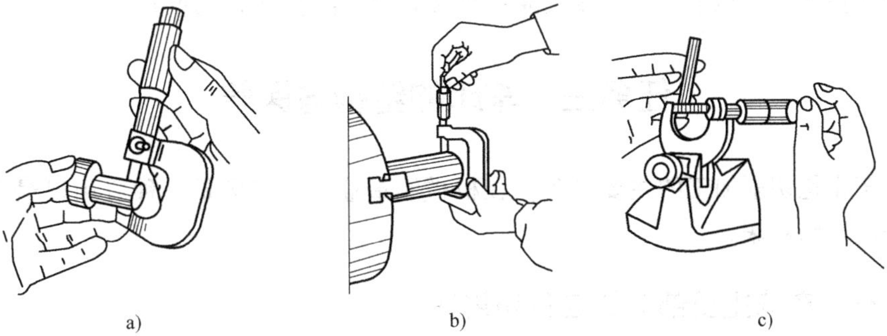

图 1-7 外径千分尺的操作使用

a）单手握 b）双手握 c）将外径千分尺架固定在基座上

三、使用游标卡尺和外径千分尺的注意事项

1）车床主轴转动中禁止测量工件；使用前须校准零位，测量工件时，游标卡尺和外径千分尺尽量要配合使用。

2）使用游标卡尺测量工件时，测量平面要垂直于工件的中心线，不许敲打游标卡尺或用其清理铁屑。

3）使用游标卡尺测量工件时，应先拧松制动螺钉，移动游标用力不能过猛。两量爪与被测工件接触得不宜过紧，以免损坏工件，但不能使被夹紧的工件在量爪内移动。

4）使用外径千分尺时应小心谨慎，动作要轻缓，避免其受到打击和碰撞。

测量时要注意：①旋钮和测力装置在转动时都不能用力过猛；②当转动旋钮使测微螺杆靠近被测工件时，一定要改旋测力装置，逐渐接触被测工件表面，不能转动旋钮使螺杆直接压在被测工件上；③当测微螺杆与测砧已将被测工件卡住或锁紧装置旋紧的情况下，绝不能强行转动旋钮。

5）外径千分尺和游标卡尺读数时，视线应与尺面垂直。如需固定读数，可使用制动螺钉进行固定。

6）外径千分尺和游标卡尺在测量同一尺寸时，一般应作多次测量，取其平均值作为测量结果。

7）不要把游标卡尺、外径千分尺与工具、刀具混放，更不要将其当工具使用，以免降低测量精度。

8）游标卡尺和外径千分尺是比较精密的测量工具，要轻拿轻放，避免碰撞或跌落地下。不要用于测量表面粗糙的物体，以免损坏量爪；如长期不用，应用纱布擦干净，抹上润滑脂或机油，放入盒中，置于干燥的地方。

任务三　车床的结构与保养

车床是切削加工的主要设备。在机械制造业中，车床是一种应用得最广泛的金属切削机床。

一、车床主要部分的名称和用途

CA6140 型车床是我国自行设计的卧式车床，其外形结构如图 1-8 所示。车床要完成切削加工，必须具有一套带动工件作旋转运动和使刀具作直线运动的机构，并且要求两者都能作正、反方向的运动。车床主要由床身、主轴箱、交换齿轮箱、进给箱、溜板箱、滑板、刀架、尾座及冷却、照明等部分组成。

1. 车头部分

（1）主轴箱　通过车床主轴及卡盘带动工件作旋转运动。变换主轴箱外手柄的位置，可以使主轴获得不同的转速。

（2）卡盘　用来装夹工件，并带动工件一起旋转，以实现车削。

2. 交换齿轮箱部分

交换齿轮箱部分用来把主轴的旋转运动传给进给箱。调换箱内的齿轮，并与进给箱配合，可以车削不同螺距的螺纹。

3. 进给部分

（1）进给箱　利用其内部的齿轮机构，可以改变丝杠或光杠的转速，以获

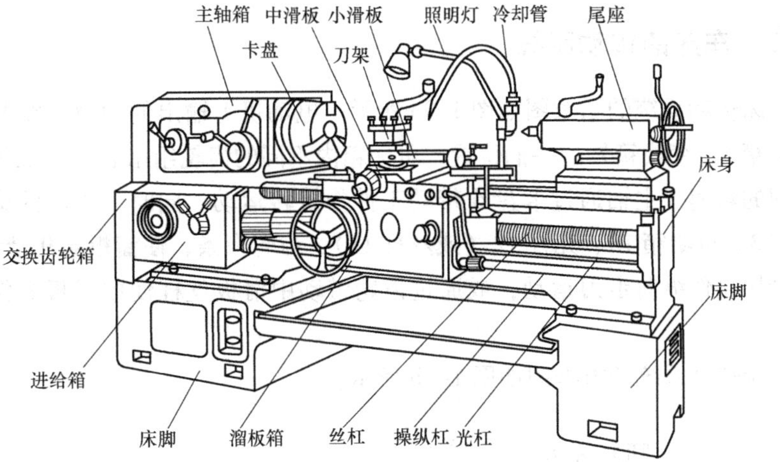

图 1-8 车床结构示意图

得不同的螺距和进给量。

（2）丝杠 使滑板和车刀在车削螺纹时按要求的速比作很精确的直线运动。

（3）光杠 用来把进给箱的运动传给滑板箱，使滑板和车刀按要求的速度作直线进给运动。

4. 溜板箱部分

（1）溜板箱 溜板箱把丝杠或光杠的转动传给滑板部分。变换箱外的手柄位置，使车刀作横向或纵向进给。

（2）滑板 滑板分大滑板（床鞍）、中滑板和小滑板三部分。其中，大滑板用于控制纵向车削；中滑板用于控制横向车削，可控制车刀切入工件的深度；小滑板用于控制纵向进刀，可纵向车削较短的或有锥度的工件。

（3）刀架 用来装夹刀具。

5. 尾座

用来安装顶尖以支顶较长的工件，还可以安装钻头、铰刀、中心钻等来加工工件上的孔。

6. 床身

用来支承和安装车床上的零部件。床身上面有两条相互平行的精确导轨，大滑板和尾座可沿着导轨面作纵向运动。

7. 附件

（1）中心架 车削较长工件时用来支承工件。

（2）冷却系统 用来输送并浇注切削液。

二、车床的传动路线

车床传动系统的示意图如图 1-9a 所示。电动机 1 输出的动力，经 V 带 2 传给主轴箱 4；变换箱外的手柄位置，可使箱内不同的齿轮组啮合，从而使主轴得到不同的转速。主轴通过卡盘 6 带动工件作旋转运动。同时，主轴的旋转通过齿轮箱 3、进给箱 13、光杠 12（或丝杠 11）、齿轮齿条，使溜板箱 9 带动刀架 7 沿床身导轨作纵向走刀运动；或通过齿轮带动中滑板丝杠使中滑板 8 作横向走刀运动。

车床传动系统的方框图如图 1-9b 所示。

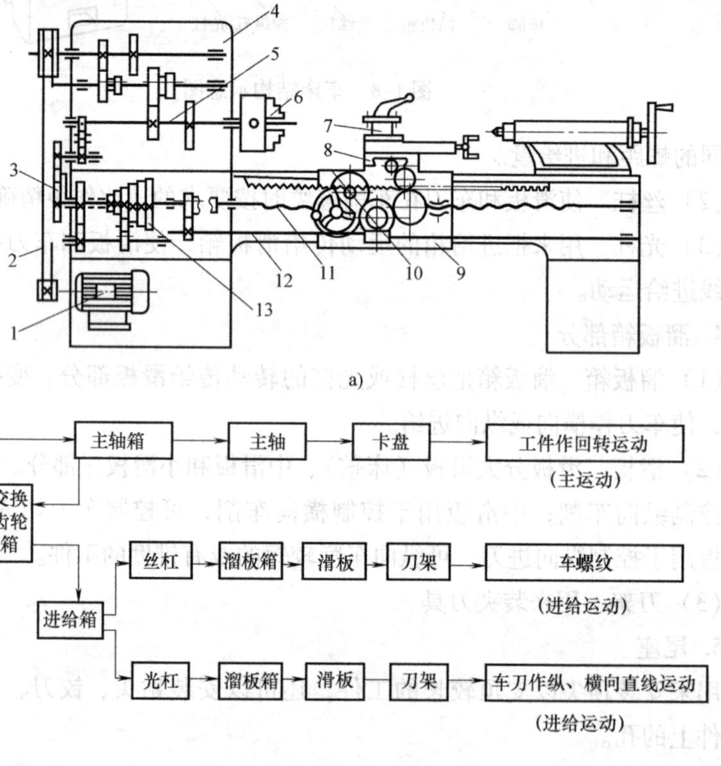

图 1-9　车床的传动系统

a）示意图　b）方框图

1—电动机　2—V 带　3—齿轮箱　4—主轴箱　5—变速机构　6—卡盘　7—刀架

8—中滑板　9—溜板箱　10—大滑板　11—丝杠　12—光杠　13—进给箱

三、自定心卡盘的结构与用途

1. 自定心卡盘的结构

自定心卡盘是车床上应用最为广泛的一种通用夹具，主要由外壳体、三个卡爪、三个小锥齿轮、一个大锥齿轮等零件组成，如图 1-10 所示。常用的自定心卡盘规格有 ϕ150mm、ϕ200mm 和 ϕ250mm。

当卡盘扳手方榫插入小锥齿轮 2 的方孔 1 中转动时，小锥齿轮 2 就带动大锥齿轮 3 转动，大锥齿轮的背面是平面螺纹 4，卡爪 5 背面的螺纹与平面螺纹啮合，从而驱动三个卡爪同步沿径向运动以夹紧或松开工件。

2. 自定心卡盘的用途

自定心卡盘用以装夹工件，并带动工件随主轴一起旋转，实现主运动。自定心卡盘能自动定心，安装工件快捷、方便，但夹紧力不如单动卡盘大，一般用于精度要求不高，截面形状规则（如圆柱形、正三边形、正六边形）的中、小工件的装夹。

单动卡盘的四个卡爪能单独朝径向移动，但夹紧力较大，找正工件装夹位置费时。

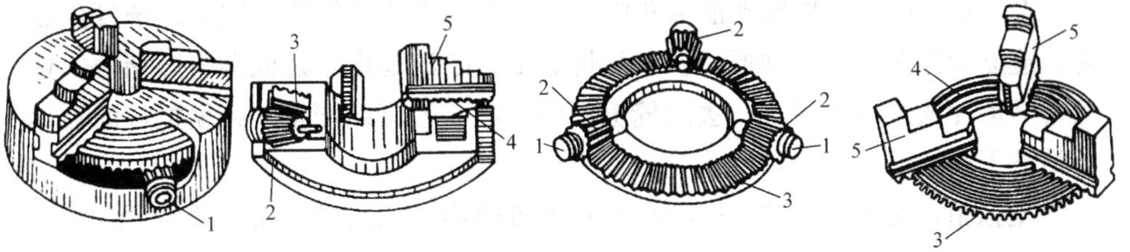

图 1-10 自定心卡盘结构图

1—方孔 2—小锥齿轮 3—大锥齿轮 4—平面螺纹 5—卡爪

四、车床的润滑部位及润滑方法

CA6140 型卧式车床的润滑系统位置示意图如图 1-11 所示。图中②处的润滑应使用 2 号钙基润滑脂进行润滑，㉚表示 30 号全损耗系统用油润滑，⊖其分子数字表示润滑油类别，其分母数字表示两班制工作时换油间隔的天数，如 $\frac{30}{7}$ 表示油类号为 30 号润滑油，两班制换油间隔天数为 7 天。

主轴箱内应有足够的润滑油，通常将油加至油标孔的一半高度。箱内的齿轮用溅油法润滑，主轴后轴承用油绳润滑，主轴前轴承等重要润滑部位用往复式油泵供油润滑。

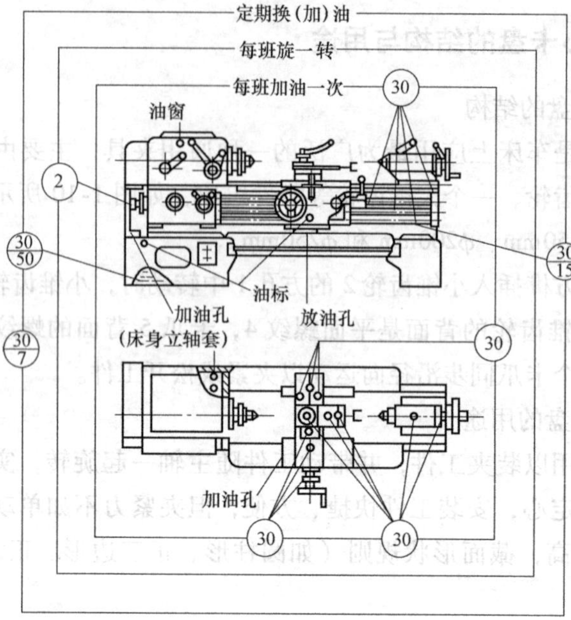

图 1-11　CA6140 型卧式车床润滑系统位置

车床运转时，如果发现油标孔内无油输出，说明主轴箱内润滑系统发生故障，应立即停车检查断油原因。一般情况下，断油是由于过滤器缝隙堵塞，这时可转动片式过滤器手柄，去除缝隙中的污垢。若堵塞严重，必须把过滤器拆下清洗干净。

主轴箱、交换齿轮箱、进给箱 5 和溜板箱内的润滑油一般 3 个月须更换 1 次。换油时，先将箱体内部用煤油清洗，然后再加油。

交换齿轮箱上的正反机构主要靠齿轮溅油法润滑。油面高度可从油标孔中观察，进给箱内的轴承和齿轮 3 个月换 1 次油，除了用齿轮溅油法润滑外，还靠进给箱上部的储油槽的油绳进行润滑。因此，除了注意进给箱油标孔内的油面高度外，每班还必须给进给箱上部的储油槽加油 1 次。

溜板箱内的蜗杆机构用箱内的油来润滑，油从法兰盖孔中注入，一直注到孔的下边缘为止。溜板箱内其他机构，用其上部储油槽的油绳进行润滑。

大滑板和刀架部分、尾座套筒、丝杠及轴承靠油孔进行润滑。由于丝杠和光杠的转速较高，润滑条件较差，必须每班次加油，润滑油可从轴承座上的方腔中加入。

润滑交换齿轮架中间齿轮轴承的油杯和润滑溜板箱内换向齿轮的油杯，每周加润滑脂 1 次，每天向轴承中旋进一部分润滑脂。

此外，床身导轨、滑板导轨和丝杠在工作前和工作后都要擦干净后浇油润滑。

五、卧式车床的一级保养

当车床运转500h以后，需要进行一级保养。保养工作由操作工人主导，维修工人配合进行。保养开始前，必须先切断电源。具体保养内容和要求如下：

（1）外保养 清洗机床外表及各罩盖，要求内外清洁，无锈蚀，无油污；清洗丝杠、光杠和操纵杆；检查并补齐螺钉、手柄等，清洗机床附件。

（2）主轴箱保养 清洗过滤器和油池，使其无杂物；检查主轴，检查螺母有无松动，紧固螺钉是否锁紧；调整摩擦片间隙及制动器。

（3）滑板及刀架保养 清洗刀架；调整中、小滑板的塞铁间隙，并调整中、小滑板丝杠螺母的间隙。

（4）交换齿轮箱保养 清洗齿轮、轴套，并注入新油脂；调整齿轮啮合间隙；检查轴套有无晃动现象。

（5）尾座保养 清洗尾座，保持内、外清洁。

（6）冷却、润滑系统保养 清洗冷却泵、过滤器、盛液盘；清洗油绳、油毡，保证油孔、油路清洁通畅；检查油质是否良好，油杯应齐全，油窗应明亮。

（7）电气部分保养 清扫电动机、电气箱；电气装置应整齐固定。

六、车床的日常保养

车床保养工作做得好坏，直接影响零件的加工质量和生产效率。车工除了能熟练地操纵车床以外，为了保证车床的加工精度和延长它的使用寿命，还必须学会对车床进行合理的保养。保养内容主要是清洁、润滑和必要的调整。

保养要求如下：

1）每天工作后，切断电源，对车床各表面、各罩壳、铁屑盘、导轨面、丝杠、光杠、各操纵手柄和操纵杆进行擦拭，做到无油污、无铁屑、车床外表清洁。

2）清扫完毕后，应做到“三后”，即尾座、中滑板、溜板箱要移动至机床尾部，并按润滑要求进行润滑保养。

3）每周要求清洁、润滑床身导轨面和中、小滑板导轨面及转动部位。要求油眼畅通、油标清晰，清洗油绳和护床油毛毡，保持车床外表清洁和工作场地整洁。

任务四　车床的操作

一、CA6140 型车床的操作知识

1. 车床的起动操作

在操作车床之前，必须检查车床各变速手柄是否处于空挡位置，离合器是否处于正确位置，操纵杆是否处于停止状态等，在确定无误后，方可合上车床电源总开关，开始操纵车床。

先按下大滑板上的起动按钮（绿色）使电动机起动，接着将溜板箱右侧操纵杆手柄向上提起，主轴沿逆时针方向旋转（即正转）。操纵杆手柄有向上、中间、向下三个挡位，可分别实现主轴的正转、停止和反转。若需较长时间停止主轴转动，必须按下大滑板上的红色停止按钮，使电动机停止转动。若下班，则须关闭车床电源总开关，并切断本车床电源。

2. 主轴箱的变速操作

CA6140 型车床主轴的变速，可通过改变主轴箱正面右侧两个叠套的手柄位置来实现。前面的手柄有六个挡位，每个挡位上有四级转速，若要选择其中某一级转速，可通过后面的手柄来控制。后面的手柄除有两个空挡外，还有四个挡位，只要将其拨到与前面手柄所处挡位的颜色相同的挡位即可。

主轴箱正面左侧的手柄用于加大螺距及变换螺纹左、右旋向。它有四个挡位：左上挡位为车削右旋螺纹，右上挡位为车削左旋螺纹，左下挡位为车削右旋加大螺距螺纹，右下挡位为车削左旋加大螺距螺纹。

3. 进给箱的操作

CA6140 型车床进给箱正面左侧有一个手轮，右侧有前后叠装的两个手柄，前手柄有 A、B、C、D 四个挡位，是丝杠、光杠的变换手柄；后手柄的Ⅰ、Ⅱ、Ⅲ、Ⅳ四个挡位，它与八挡位的手轮相配合，用以调整螺距及进给量。操作时应根据加工要求，查找进给箱油池盖上的螺纹和进给量调配表，来确定手轮和手柄的具体位置。当后手柄处于正上方时，是第Ⅴ挡，此时齿轮箱的运动不经进给箱变速，而是与丝杠直接相连。

4. 溜板部分的操作

大滑板的纵向移动由溜板箱正面左侧的大手轮控制，当顺时针转动手轮时，大滑板向尾座方向运动；当逆时针转动手轮时，大滑板向卡盘方向运动。

中滑板手柄控制中滑板的横向移动和横向进给量。当顺时针转动手柄时，

中滑板向远离操作者的方向移动（即横向进给）；当逆时针转动手柄时，中滑板向靠近操作者的方向移动（即横向退刀）。

小滑板可作短距离的纵向移动。当小滑板手柄沿顺时针方向转动时，小滑板向卡盘方向移动；当逆时针转动手柄时，小滑板向尾座方向移动。

5. 刻度盘及分度盘的操作

溜板箱正面大手轮轴上的刻度盘分为300格，每转过1格，表示大滑板纵向移动1mm。

中滑板丝杠上的刻度盘分为100格，每转过1格，表示刀架横向移动0.05mm（切削加工时每转过1格，工件直径减小0.10mm）。

中滑板的刻度盘分为100格，每转过1格，表示刀架横向移动0.05mm。由于丝杠和螺母之间往往存在间隙，因此转动时会产生空行程（即刻度盘转动而滑板未移动），所以在进给操作时应注意消除空行程，以保证车削的精确性，如图1-12所示。方法如下：摇动中滑板手柄，进刻度盘到所需的刻度位置，如图1-12a所示；如果不慎多进了几格，不能简单地直接退回到所需的刻度位置，如图1-12b所示；而应反向转动0.5～1圈，再重新摇动手柄，使刻度盘进到所需的刻度，如图1-12c所示。同时，由于工件是旋转的，使用中滑板刻度盘时，车刀横向进给后切除的部分刚好是背吃刀量 a_p 的两倍。

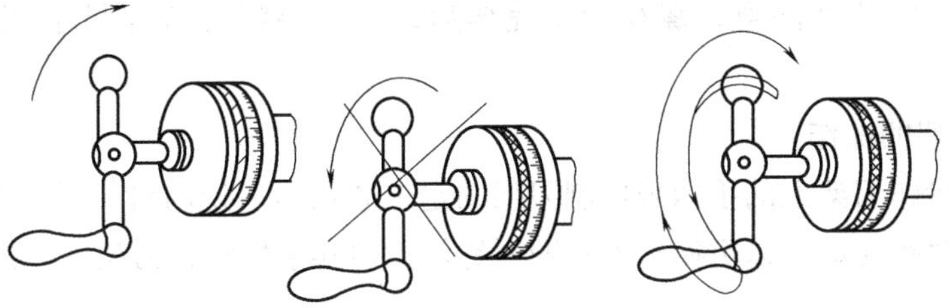

a) b) c)

图1-12 消除中滑板空行程的方法

a）进所需刻度 b）进多了直接退回（错误）

c）要反转0.5～1圈，再重新进到所需刻度（正确）

小滑板的刻度盘分为100格，每转过1格，表示刀架纵向移动0.05mm。小滑板上的分度盘在刀架需斜向进给加工短锥体时，可在0°～90°范围内顺时针或逆时针地调整角度。使用时，先松开锁紧螺母，转动小滑板至所需角度后，再锁紧以固定小滑板。

小滑板操作完毕后，应保持在与小滑板底座平齐的位置上，避免小滑板底座与卡爪相碰。

6. 自动进给操作

溜板箱右侧有一个带十字槽的操作手柄，是实现刀架纵、横向进给和快速移动的集中操作机构。该手柄的顶部有一个快进按钮，按下此按钮，快速电动机开始转动；放开按钮时，快速电动机停止转动。该手柄扳动方向与刀架运动的方向一致，操作方便。当手柄扳至纵向进给位置，此时按下快进按钮，大滑板则作快速纵向移动；当手柄扳至横向进给位置，此时按下快进按钮，中滑板则带动小滑板和刀架作横向快速进给运动。

操作快速按钮时应特别注意，当大滑板快速行进到离主轴箱或尾座一定距离时须停止快进，以避免大滑板撞击主轴箱或尾座。当中滑板前、后伸出大滑板足够远时，应立即停止快进，避免因中滑板悬伸太长而使燕尾导轨受损，从而影响设备的精度。

7. 开合螺母手柄的操作

在溜板箱正面右侧有一开合螺母操作手柄，专门用以控制丝杠与溜板箱之间的传动。一般情况下，车削非螺纹表面时，丝杠与溜板箱间无运动关联，开合螺母处于开启状态，该手柄置于上方。当需要车削螺纹时，扳下开合螺母操纵手柄，丝杠的运动传递给溜板箱，并使溜板箱按一定的螺距（或导程）作纵向进给运动。

操作时应特别注意，螺纹加工完毕后，一定要将开合螺母手柄置于开启位置。

8. 刀架的操作

通过操作刀架上的手柄来控制刀架的定位和锁紧。逆时针转动刀架手柄时，刀架作逆时针转动，以更换车刀；顺时针转动刀架手柄时，刀架则被锁紧。

9. 尾座的操作

尾座可在床身内侧的山形导轨和平导轨上沿纵向移动，并可依靠尾座架上的两个锁紧螺母使尾座固定在床身的任意位置。

尾座架上有左、右两个长把手柄。左手柄为尾座套筒固定手柄，顺时针扳动此手柄，可将尾座套筒固定在某一位置；右手柄为尾座快速紧固手柄，逆时针扳动此手柄，可使尾座快速固定于床身的某一位置。

松开尾座架左边的长把手柄（即逆时针转动手柄），转动尾座右端的手轮，可使尾座套筒作进退移动。

二、CA6140 型车床基本操作技能训练

1）大、中、小滑板的摇动训练，并进行大、中滑板的进/退刀训练。

训练要求：①大滑板进，中滑板进。

②大滑板进，中滑板退。

③大滑板退，中滑板退。

④大滑板退，中滑板进。

2）车床的起动，变换转速，停止训练。

3）自动进给，模拟车削工件的训练。

思考与练习

1. 车工实习的安全操作规范有哪些？
2. CA6140 型车床是如何正确起动的？
3. CA6140 型车床的中滑板刻度是怎样计算的？它的空行程应如何消除？
4. 车床的日常保养有哪些要求？

项目二

车刀及其刃磨

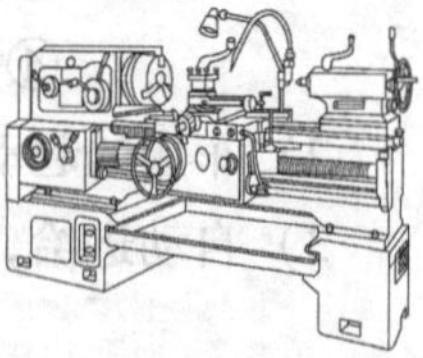

学习目标:

1. 了解车刀的种类及用途。
2. 了解砂轮的种类及使用方法。
3. 掌握车刀的几何角度及其刃磨方法。

任务一　工艺知识讲解

一、相关工艺知识

1. 车刀的种类

常用的车刀有外圆车刀、端面车刀、切槽刀、螺纹车刀、成形车刀、内孔车刀等，如图 2-1 所示。

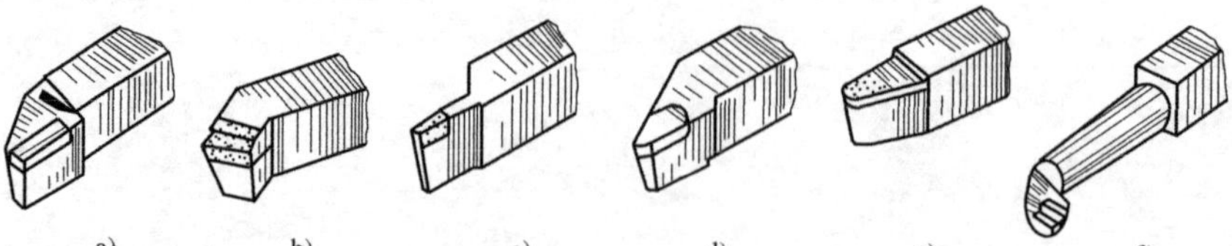

a)　b)　c)　d)　e)　f)

图 2-1　车刀的种类

a）外圆车刀　b）端面车刀　c）切槽刀　d）螺纹车刀　e）成形车刀　f）内孔车刀

2. 车刀的用途

常用车刀的主要用途如图 2-2 所示。

（1）外圆车刀（如90°外圆车刀） 主要用于加工外圆、台阶和端面。

（2）端面车刀（如45°端面车刀） 主要用于加工端面及倒角。

（3）切槽刀（割刀） 主要用于切断或切槽。

（4）螺纹车刀 主要用于加工螺纹。

（5）成形车刀 主要用于加工成形面。

（6）内孔车刀 用于加工内孔。

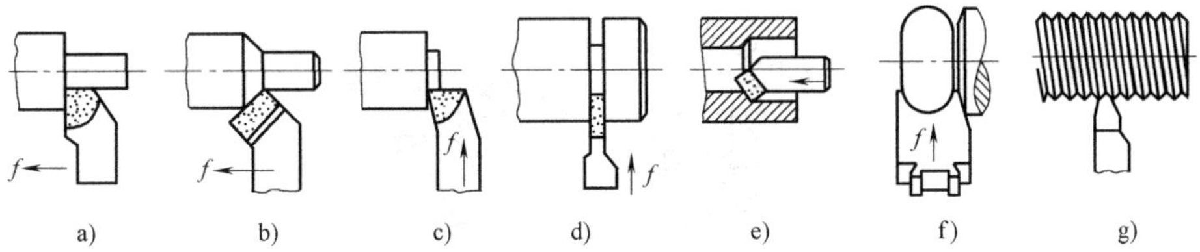

图2-2 车刀的用途

a）车外圆 b）倒棱角 c）车端面 d）切断 e）车内孔 f）车成形面 g）车螺纹

3. 车刀的组成

车刀由刀柄和刀体组成。刀柄主要用来夹持刀具；刀体是刀具上夹持或焊接刀片的部分，或由它形成切削刃的部分。

刀体是车刀的切削部分，它由“三面、两刃、一尖”组成。“三面”是指前面、主后面、副后面，“两刃”是指主切削刃、副切削刃，“一尖”是指刀尖。

（1）前面 车刀上切屑流经的表面。

（2）主后面 车刀上与工件过渡表面相对的表面。

（3）副后面 车刀上与工件已加工表面相对的表面。

（4）主切削刃 前面与主后面相交的部位，主要担负着切削任务。

（5）副切削刃 前面与副后面相交的部位，接近刀尖的部分也参与了切削工作。

（6）刀尖 主切削刃与副切削刃连接的那一部分切削刃。为增加刀尖强度，改善刀尖在工作时的散热条件，刀尖处一般磨有圆弧过渡刃。

圆弧过渡刃又称为刀尖圆弧。通常把副切削刃靠近刀尖的那一段直切削刃称作修光刃。装刀时，必须使修光刃与刀的纵向进给方向平行，且修光刃的长度要比进给量大，这样才能起到修光作用。车刀的组成及过渡刃如图2-3所示。

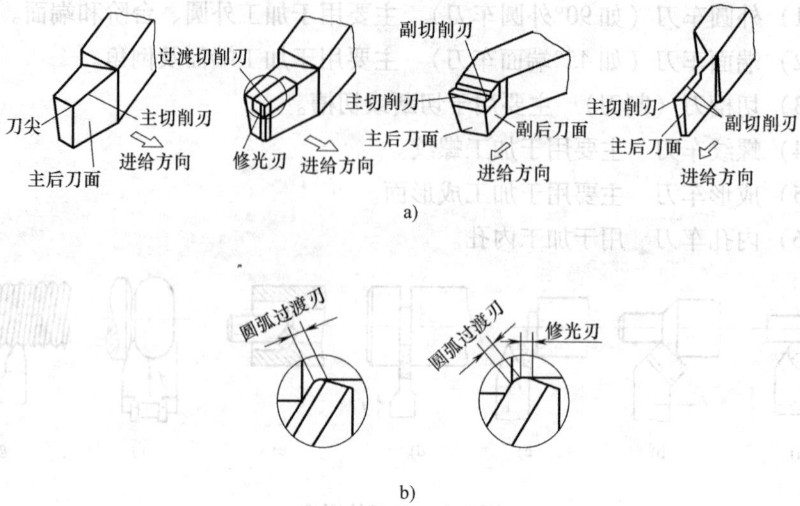

图 2-3　车刀的组成及过渡刃

a）车刀的组成　b）过渡刃

二、车刀的材料与刃磨方法

1. 常用车刀材料

常用的刀具材料有碳素工具钢、合金工具钢、高速工具钢、硬质合金、陶瓷、金刚石、立方氮化硼等。

为了完成切削，刀具除了应具有合理的角度和结构外，刀具的材料也应有高的硬度、耐磨性、耐热性，足够的强度和韧性，良好的工艺性，以及良好的热物理性能和耐热冲击性，以适应强切削力和高温的工作环境。下面主要介绍三种刀具材料。

（1）碳素工具钢与合金工具钢　碳素工具钢是含碳量较高的优质钢（碳的质量分数为0.7%～1.2%），如 T8A、T10A；合金工具钢是在碳素工具钢中加入了少量的 Cr、Mn、Si 等合金元素。合金元素的加入，使其热处理变形有所减小，耐热性也有所提高。这两种刀具材料的特点是耐热性差，不适用于高速切削。

（2）高速工具钢　高速工具钢是指含有较多的 W、Cr、V 等合金元素的高合金工具钢，如 W18Cr4V 高速工具钢比碳素工具钢具有较高的耐热性，温度达 600℃时仍能正常切削，而且强度、韧性和工艺性能都比较好。为了提高高速工具钢的硬度和耐磨性，可在高速工具钢中加入新的元素，如我国制成的铝高速工具钢 W6Mo5Cr4V3Al，其硬度达 70HRC，耐热温度超过 600℃，被称为超高速工具钢。

（3）硬质合金　它是以高硬度、高熔点的碳化物，如碳化钨（WC）和碳化钛（TiC）为基体，以金属 Co、Ni 等为粘结剂，用粉末合金制成的一种合金。其硬度为 74～82HRC，能耐 850～1000℃的高温。其特点是耐高温，耐磨性好，但强度和韧性比高速工具钢低，工艺性差，一般焊接或机械加固在刀体上使用。国产的硬质合金一般有两大类，一类是钨钴类，主要牌号有 YG3、YG6（ISO 牌号分别为 K01、K20）等；另一类是钨钴钛类，主要牌号有 YT5、YT15 和 YT30（ISO 牌号分别为 P30、P10、P01）等。一般来说，钨钴类硬质合金适合加工铸铁、有色金属等，钨钴钛类硬质合金适合加工各种钢件。

2. 砂轮的选用

目前常用的砂轮有氧化铝砂轮和碳化硅砂轮两类。

（1）氧化铝砂轮　多呈白色与灰色，适用于高速工具钢和碳素工具钢车刀的刃磨。

（2）碳化硅砂轮　多呈绿色，适用于硬质合金车刀的刃磨。

3. 车刀的刃磨方法

以 90°硬质合金外圆车刀为例，其手工磨刀步骤如下：

1）先把车刀前面、后面上的焊渣磨去，并磨平车刀的底面。

2）粗磨主后面。磨主后面时，刀柄应与砂轮轴线保持平行，同时，车刀底面向砂轮方向倾斜一个比主后角大 2°的角度；刃磨时，先把车刀靠在砂轮的外沿上，以接近砂轮中心的水平位置作为刃磨的起始位置，然后向砂轮方向靠近，并左右缓慢移动，磨至切削刃处为止。以同样的方法可磨出主偏角和主后角，如图 2-4a 所示。

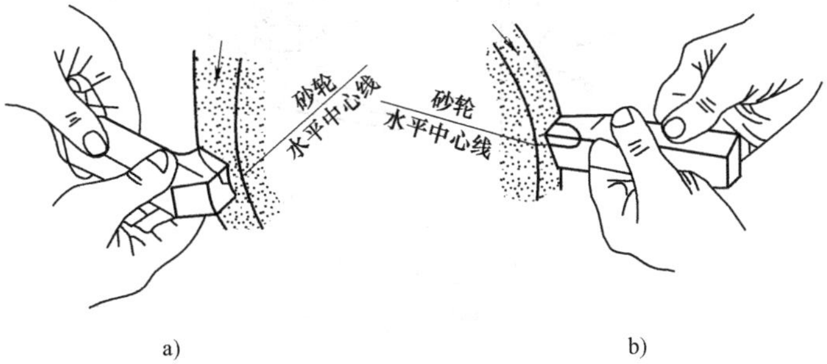

图 2-4　粗磨主后面、副后面
a）粗磨主后面　b）粗磨副后面

3）粗磨副后面。刃磨时，刀柄尾部应向右转过一个副偏角的角度，同时，车刀底面应向砂轮方向倾斜一个比副后角大2°的角度，具体方法与粗磨主后面相同，只是粗磨到刀尖处为止。以同样的方法磨出副偏角和副后角，如图2-4b所示。

4）粗磨前面。以砂轮的端面粗磨出车刀的前面，并磨出前角。

5）精磨主后面、副后面。先修整好砂轮，保证回转平稳。刃磨时，将车刀底面靠在调好角度的隔板上，并使切削刃轻轻地靠住砂轮的端面，同时，车刀应左右缓慢移动，使磨削均匀，保证刃口平直，如图2-5所示。

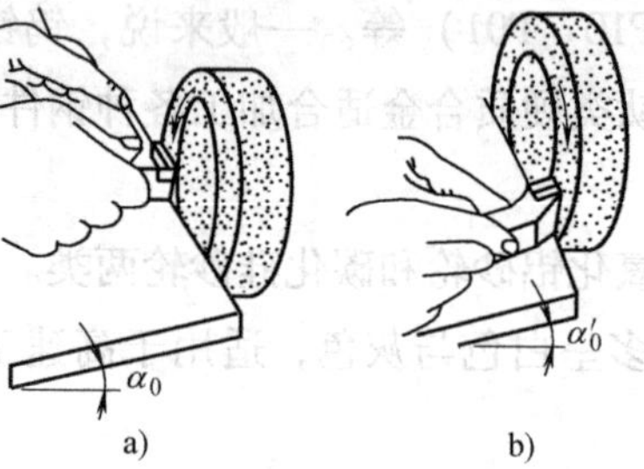

图2-5 精磨主后面、副后面

a）精磨主后面 b）精磨副后面

6）磨负倒棱。为强固切削刃，一般要磨出负倒棱，棱宽为0.4～0.5mm；负倒棱前角约为－5°～－10°。刃磨时用力要轻，使车刀的主切削刃由后端向刀尖方向摆动，通常有直磨法和横磨法两种，一般采用直磨法，如图2-6所示。

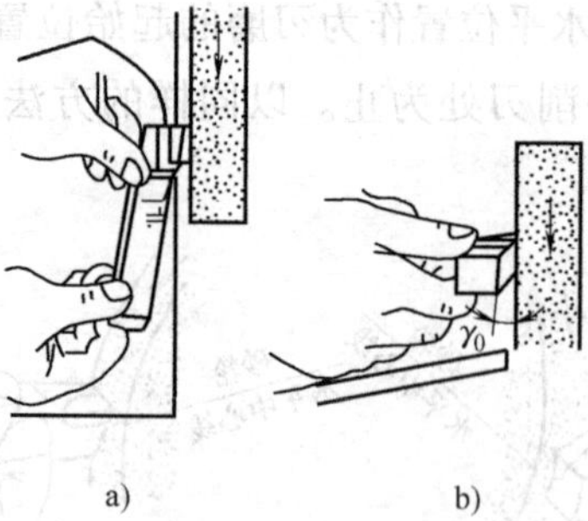

图2-6 磨负倒棱

a）直磨法 b）横磨法

7）用油石研磨。为了提高工件的表面质量，延长刀具的使用寿命，且使车刀在加工时不易崩刃，通常用油石研磨切削刃。研磨时，手持油石，用力均匀轻缓地在切削刃上来回移动，如图 2-7 所示。

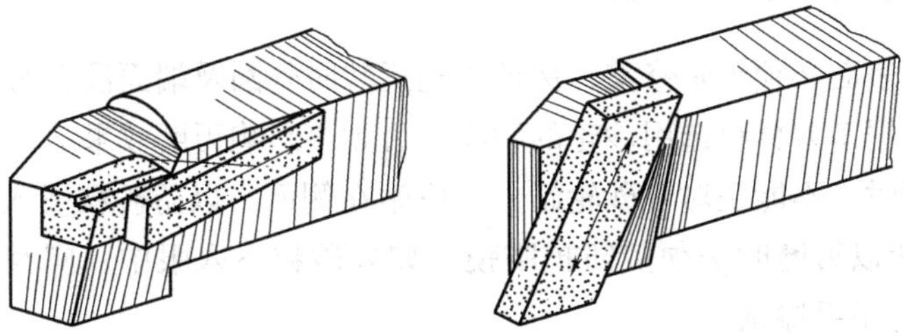

图 2-7 油石研磨

合格的车刀应符合以下要求：以锐为主，锐中求固，刃面光洁，散热断屑。

4. 刃磨姿势

1）人站在砂轮侧面，两手握刀柄，两肘夹紧腰部，防止车刀抖动。

2）车刀应放在砂轮的水平中心，车刀从下往上贴近砂轮，并作水平移动。

3）磨刀面时，要磨多大的角度，就使刀柄偏移多大角度。如磨主偏角时，只需在磨主后面的时候将刀柄向砂轮方向偏移 0°～3°。

5. 检查方法

（1）目测法　观察车刀角度是否合理，切削刃是否锋利，是否符合切削要求。如 45°车刀、90°车刀、沟槽车刀等，可采用目测法进行检查。

（2）角度尺与样板测量法　对于对角度要求较高的车刀，如三角形螺纹车刀、梯形螺纹车刀、蜗杆车刀等可用角度尺和样板进行测量，如图 2-8 所示。

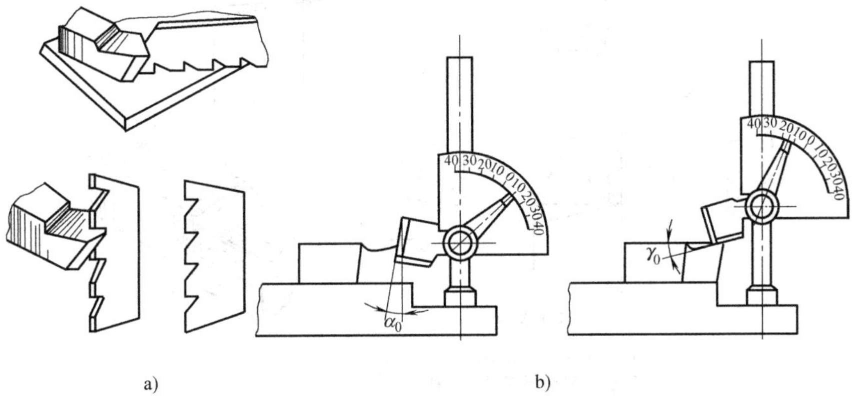

图 2-8 车刀角度的测量

a）样板测量 b）角度尺测量

三、刃磨时的注意事项

1）砂轮表面必须经常修整，保证砂轮运转时外圆及端面没有明显的跳动。

2）要根据车刀材料选用砂轮的种类，否则会影响刃磨效果。

3）刃磨时，不能正对着砂轮站立，应站在侧面，以防砂粒飞入眼中或砂轮破裂伤人。所以刃磨时必须戴防护眼镜，如果砂粒飞入眼中，应及时去医务室处理，切不可用手擦拭。

4）刃磨时，不可用力过猛，防止打滑受伤。

5）刃磨时，不能戴手套或手缠其他物品，防止手被卷入造成人身伤害。

6）刃磨时，手握车刀要平稳，压力不能过大，并不断作左右移动，防止刀具局部过热而产生裂纹或发生退火。

7）使用完砂轮机后，必须随手关闭电源。

任务二　技能操作训练

1. 技能训练

90°车刀的刃磨尺寸要求如图 2-9 所示。

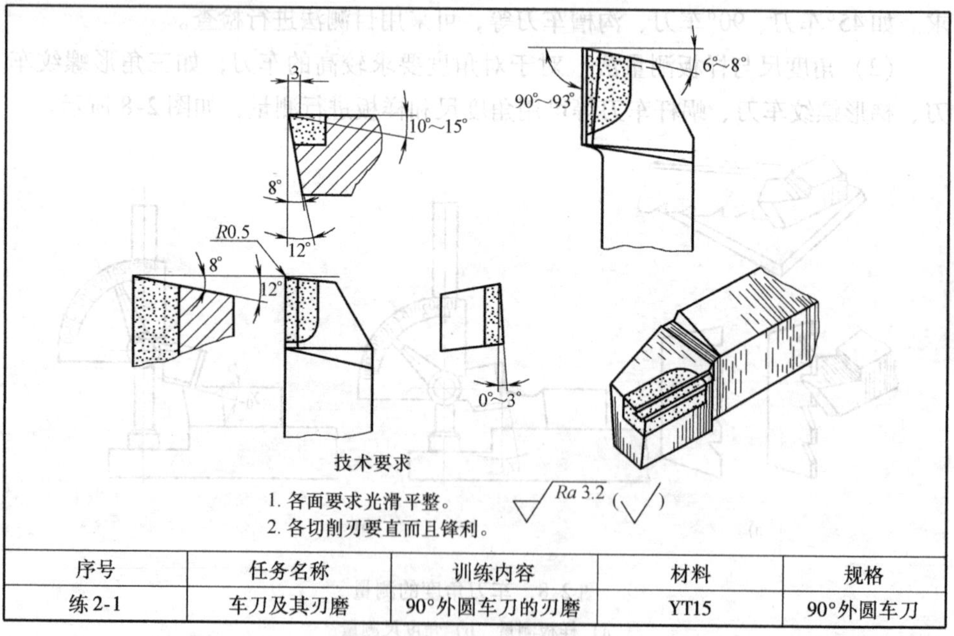

序号	任务名称	训练内容	材料	规格
练 2-1	车刀及其刃磨	90°外圆车刀的刃磨	YT15	90°外圆车刀

图 2-9　车刀的刃磨训练

2. 工具、量具的准备（表 2-1）。

表 2-1 刃磨 90°外圆车刀、45°端面车刀的工具、量具清单

类别	序号	名　称	规　格	分度值（mm）	数量	备注
量具	1	游标卡尺	0～150mm	0.02	1	
刃具	1	90°外圆车刀	刀杆 25mm×25mm	—	1	
	2	45°端面车刀	刀杆 25mm×25mm	—	1	
设备	1	砂轮机	—	—	1	

3. 刃磨工艺分析

（1）粗磨

1）粗磨主后面，同时磨出主偏角与主后角。

2）粗磨副后面，同时磨出副偏角与副后角。

3）粗磨前面，同时磨出前角。

（2）精磨

1）精磨前面。

2）精磨后面与副后面。

3）修磨刀尖圆弧。

4. 巩固训练

45°端面车刀的刃磨尺寸要求如图 2-10 所示。

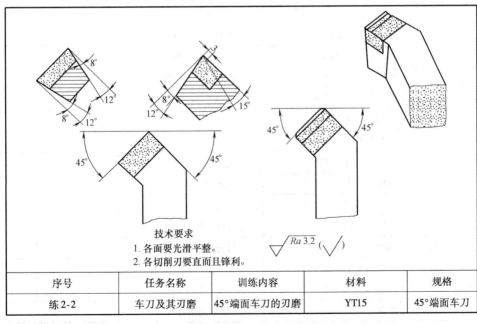

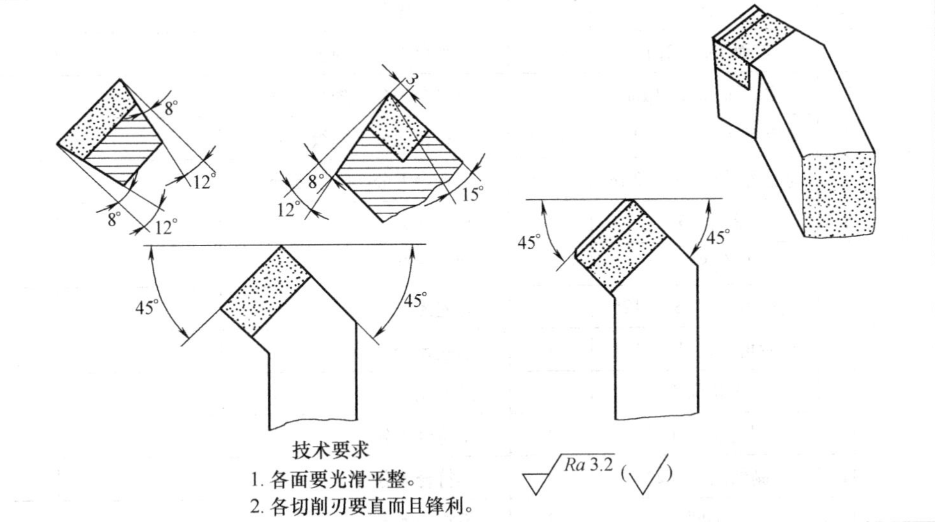

序号	任务名称	训练内容	材料	规格
练 2-2	车刀及其刃磨	45°端面车刀的刃磨	YT15	45°端面车刀

图 2-10 车刀刃磨的巩固训练

5. 检测与评分

车刀刃磨结束后对其进行检测，并对车刀进行误差与质量分析，将结果填入表 2-2。

表 2-2　车刀刃磨训练与巩固训练评分表

班级		姓名		学号		加工日期		
任务内容		90°外圆车刀、45°端面车刀的刃磨		任务序号		练 2-1，练 2-2		
检测项目		检测内容	配分	评分标准		自测	教师检测	得分
90°外圆车刀	1	前面 *Ra* 3.2μm	3，2①	不符合无分，降级无分				
	2	主后面 *Ra* 3.2μm	3，2	不符合无分，降级无分				
	3	副后面 *Ra* 3.2μm	3，2	不符合无分，降级无分				
	4	前角 10°～15°	4	超差无分				
	5	主后角 8°～12°	4	超差无分				
	6	副后角 8°～12°	4	超差无分				
	7	主偏角 90°～93°	4	超差无分				
	8	副偏角 6°～8°	4	超差无分				
	9	刃倾角 0°～3°	4	超差无分				
	10	主切削刃	3	不符合无分				
	11	副切削刃	2	不符合无分				
	12	刀尖	2	不符合无分				
45°端面车刀	1	前面 *Ra* 3.2μm	3，2	不符合无分，降级无分				
	2	主后面 *Ra* 3.2μm	3，2	不符合无分，降级无分				
	3	副后面（1）*Ra* 3.2μm	3，2	不符合无分，降级无分				
	4	副后面（2）*Ra* 3.2μm	3，2	不符合无分，降级无分				
	5	前角 15°	4	超差无分				
	6	主后角 8°～12°	4	超差无分				
	7	副后角（1）8°～12°	4	超差无分				
	8	副后角（2）8°～12°	4	超差无分				
	9	主切削刃	2	超差无分				
	10	副切削刃（1）	2	不符合无分				
	11	副切削刃（2）	2	不符合无分				
	12	刀尖两处	2	不符合无分				
其他	1	安全文明实习	10	违章视情况扣分				
		总配分	100	总得分				

① 代表 3 分指配给“前面”，2 分指配给“*Ra* 3.2μm”，全书同。

任务三 技能拓展训练

1. 拓展训练

尺寸要求如图 2-11 所示。

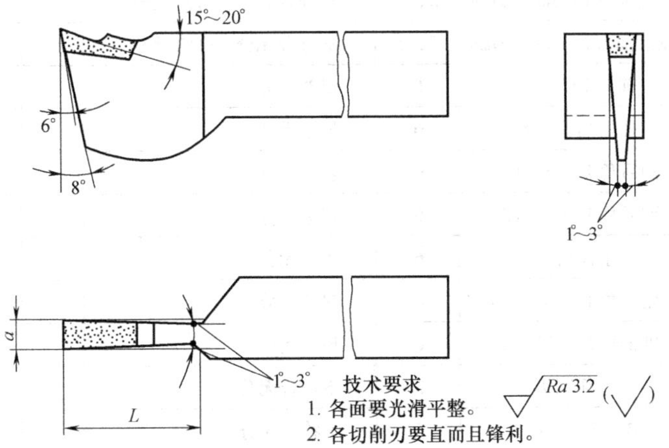

序号	任务名称	训练内容	材料	规格
练 2-3	车刀及其刃磨	切槽刀的刃磨	YT15	切槽刀

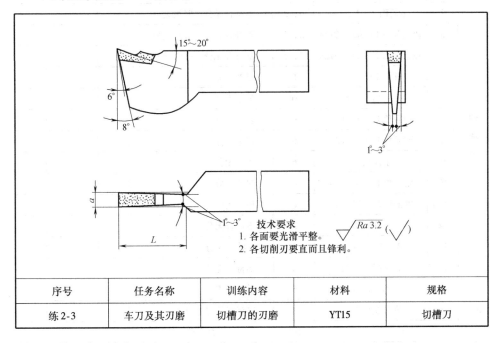

图 2-11 车刀刃磨的拓展训练

2. 工具、量具的准备（表 2-3）。

表 2-3 车刀刃磨拓展训练的工具、量具清单

类 别	名 称	规 格	精度/mm	数量	备注
量具	游标卡尺	0 ~ 150mm	0. 02	1	
刃具	切槽刀	刀杆 25mm × 25mm	—	1	
设备	砂轮机	—	—	1	

3. 检测与评分

车刀刃磨结束后对其进行检测，并对车刀进行误差与质量分析，将结果填入表 2-4。

表 2-4　车刀刃磨拓展训练评分表

班级		姓名		学号		加工日期	
任务内容		切槽刀的刃磨		任务序号		练 2-3	
检测项目		检测内容	配分	评分标准	自测	教师检测	得分
切槽刀	1	前面 Ra 3.2μm	5，2	不符合无分，降级无分			
	2	主后面 Ra 3.2μm	5，2	不符合无分，降级无分			
	3	副后面（1）Ra 3.2μm	5，2	不符合无分，降级无分			
	4	副后面（2）Ra 3.2μm	5，2	不符合无分，降级无分			
	5	前角 15°~20°	6	超差无分			
	6	主后角 6°~8°	6	超差无分			
	7	副后角 1°~3°（1）	6	超差无分			
	8	副后角 1°~3°（2）	6	超差无分			
	9	主偏角 0°	6	超差无分			
	10	副偏角 1°~3°（1）	6	超差无分			
	11	副偏角 1°~3°（2）	6	超差无分			
	12	主切削刃	5	不符合无分			
	13	副切削刃（1）	5	不符合无分			
	14	副切削刃（2）	5	不符合无分			
	15	刀尖两处	5	不符合无分			
其他	16	安全文明实习	10	违章视情况扣分			
总配分			100	总得分			

思考与练习

1. 常用的车刀有哪些种类？它们各有什么作用？
2. 车刀一般由哪些材料制成？各自选用哪种砂轮刃磨？
3. 试述 90°外圆车刀的刃磨过程和检查方法。

项目三

外圆的车削

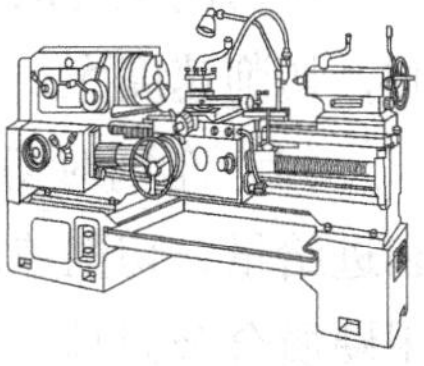

学习目标：

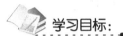

1. 学会车刀的装夹方法。
2. 掌握试切、试测外圆的方法。
3. 掌握外圆、端面、台阶、倒角的车削方法。

任务一　工艺知识讲解

一、相关工艺知识

1. 切削用量的选择

切削用量又称切削三要素，包括背吃刀量、进给量和切削速度。

（1）背吃刀量（a_p）　背吃刀量是指车削时，零件上已加工表面和待加工表面的垂直距离，车削外圆时的背吃刀量为

$$a_p = (d_w - d_m)/2 \tag{3-1}$$

式中　a_p——背吃刀量（mm）；

d_w——待加工表面直径（mm）；

d_m——已加工表面直径（mm）。

（2）进给量（f）　进给量f（mm/r）是指车削时，零件每转一周车刀沿进给方向进给的距离。

（3）切削速度（v）　切削速度是指切削时主运动的线速度，其计算公式为

$$v = \pi n d_w/1000 \tag{3-2}$$

式中　v——切削速度（m/min）；

n——主轴转速（r/min）；

d_w——零件待加工表面的直径（mm）。

从切削速度的表达式中可以看出，当 n 一定时，v 和 d_w 成正比，即直径大时，切削速度大；直径小时，切削速度小。

（4）车削时切削用量的选择　一般情况下，粗加工时应选较大的背吃刀量和进给量，切削速度不能过高；精加工时，应以保证加工精度和表面质量为主。用硬质合金刀具车削时，应选择较小的背吃刀量和进给量，选择较大的切削速度；对于高速工具钢刀具，则应选择较小的切削速度。

2. 车刀的装夹

为了使车刀刀尖对准工件中心，通常采用下列几种方法。

1）根据车床主轴中心高度，用钢直尺进行测量，如图 3-1a 所示。

2）保证刀尖与顶尖同高，如图 3-1b 所示。

3）目测高度，使刀尖靠近工件端面，然后夹紧试车，再根据端面中心高度调整车刀。

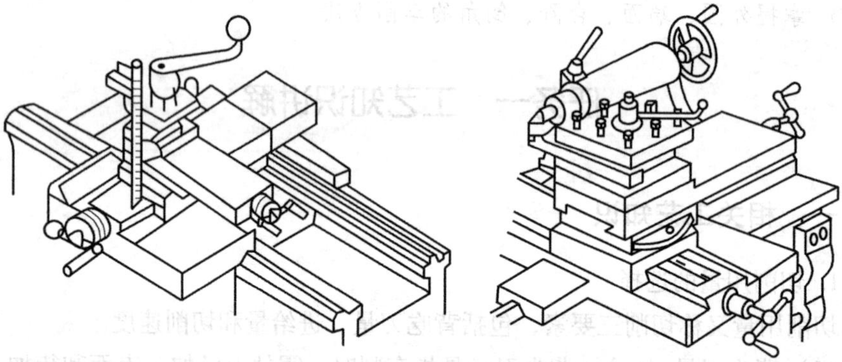

a)　　b)

图 3-1　检查车刀中心高度

a）用钢直尺检查　b）用尾座顶尖检查

安装车刀时应注意的两个方面。一是车刀刀尖应与工件中心等高，车刀刀尖高于工件轴线会使车刀的实际后角减小，车刀后面与工件之间的摩擦增大；车刀刀尖低于工件轴线会使车刀的实际前角减小，切削阻力增大；刀尖不对正中心，最后车至端面中心时会留有凸头。使用硬质合金车刀时，若忽视此点，车到中心处易使刀尖崩碎。二是车刀装在刀架上伸出部分的长度应尽量短，一般为刀杆厚度的 1 ~ 1.5 倍，用两个螺钉平整压紧，以防振动，如图 3-2a所示。

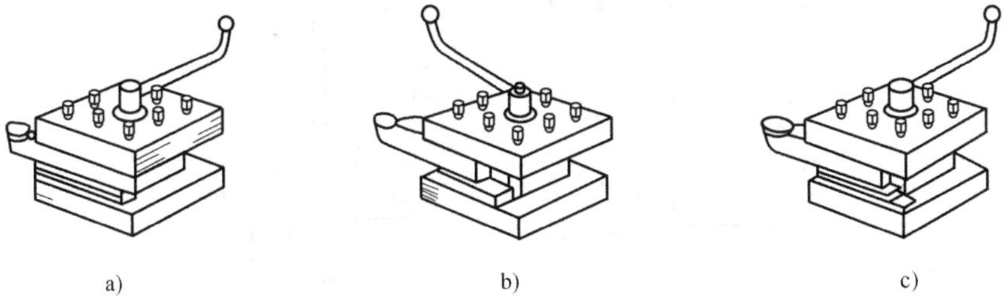

图 3-2 车刀的装夹
a) 正确 b)、c) 不正确

3. 工件的装夹

(1) 装夹方法

1) 单动卡盘装夹。单动卡盘是由四个互不相关的卡爪组成的，装夹过程中偏差较大，必须找正后才能开始车削。

2) 自定心卡盘装夹。自定心卡盘是由三个有运动关联的卡爪组成的，只要旋动其中一个卡爪就能带动其他两个卡爪一起向心或离心移动，装夹过程中偏差较小，但也需要在找正后才能开始车削。

(2) 装夹与找正

1) 根据工件装夹部位的大小调整卡爪，然后装夹工件并预紧。

2) 工件的装夹部位不能有缺陷与特殊形状，如凹凸不平、圆弧、螺纹、锥度、扁形与方形等。

3) 找正工件时，主轴要置于空挡，卡爪不能夹得过紧。

4) 粗找正时，只用目测来进行找正；精找正时要使用百分表和铜棒。

5) 找正工件时要仔细耐心，不急躁，并要注意安全，找正结束后夹紧工件。

二、端面、外圆及台阶的车削

1. 车削端面

完成机床起动前准备的工作后，起动车床使工件旋转起来，用手动方式移动大、中滑板至工件外圆表面与端面处，调整大、小滑板使车刀能切削到端面的最凹处。选择手动或机动的方式使中滑板作横向进给运动，直至车削到工件中心，然后纵向退刀，再横向退刀，最后停车，端面车削结束。车削端面的两种方式如图 3-3 所示。

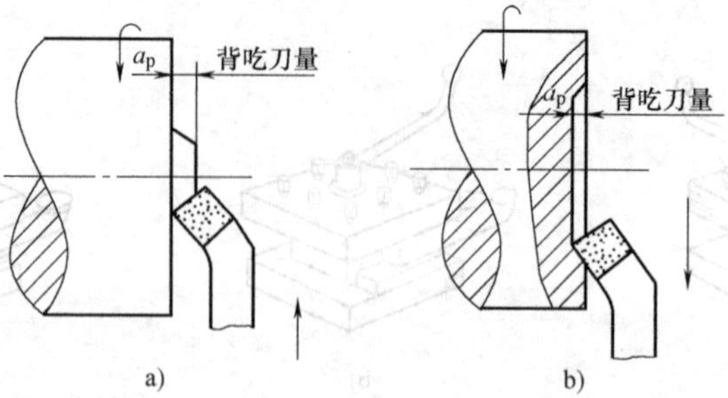

图 3-3 横向进给车端面

a）由工件外向中心车削 b）由工件中心向外车削

2. 车削外圆

车削外圆时，分划线、试切和试测量、加工三个阶段。为了保证工件的长度准确，通常在车削前根据图样要求，用钢直尺、卡钳或利用大滑板刻度控制长度，用刀尖在工件表面上刻一条线痕，然后进行车削，停车后用游标卡尺测量长度是否符合图样要求。必要时再次车削，直到尺寸符合图样要求为止，如图 3-4 所示。

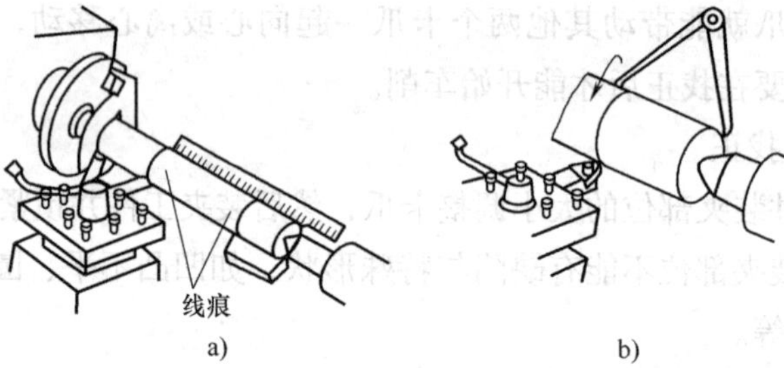

图 3-4 刻线确定车削长度

a）用钢直尺刻线痕 b）用内卡钳在工件上刻线痕

车削外圆时，一般要进行试切削和试测量。首先根据工件直径余量的一半横向进给，纵向车削 1 ~ 2mm 时，横向不进给，纵向快速退出，停车测量，如尺寸符合要求，再继续加工。否则，用上述方法继续调整试切削余量并进行测量，直到尺寸符合图样要求为止，如图 3-5 所示。试切削测量时，如尺寸符合图样要求，可选择手动或机动纵向进给，当车削到所需部位时，先退中滑板再退大滑板，使车刀远离工件，停机并检验尺寸。

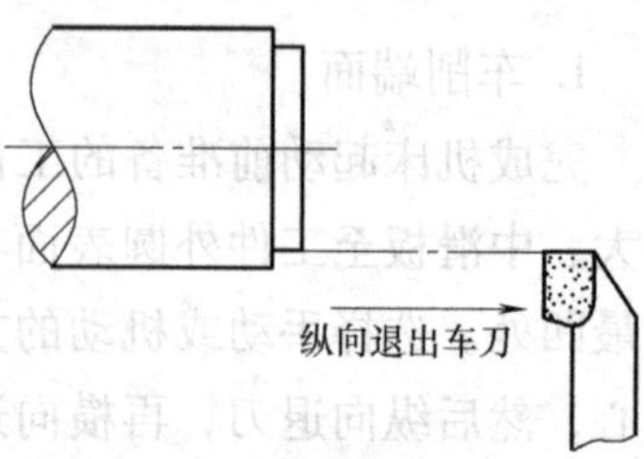

图 3-5 试切削外圆

3. 车削台阶外圆

台阶外圆就是在同一工件上，有几个直径不相等的圆柱体连接在一起，像台阶一样的外圆。为了保证台阶面与轴线垂直，主偏角应装的略大一些，一般为93°，其车削方法与外圆的车削相同。

4. 倒角

端面、外圆车削到要求尺寸后，用45°端面车刀或使外圆车刀刀尖与工件成45°，移动大、中滑板使车刀移动到工件外圆各端面相交处进行倒角。根据图样要求进行倒角，*C*1是指在外圆的轴向长度车削出1mm长，并成45°的斜角，如图3-6所示。

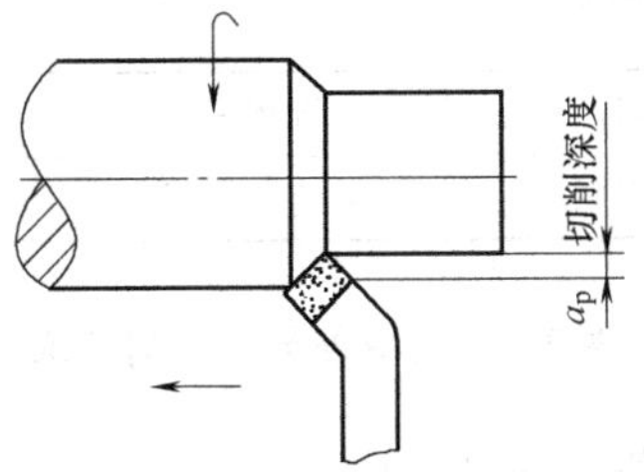

图3-6 倒角

三、车削时的注意事项

1）车刀必须对准工件的旋转中心。工件端面若留有凸台，则说明刀尖没有对准中心，偏高或偏低。

2）变换转速时应先停车后再变换，否则主轴箱内的齿轮易损坏。

3）车削前应检查工件是否已装夹牢靠，卡盘扳手是否已取下。

4）车削工件时，应先开动车床后进刀，车削结束时应先退刀后停车，否则车刀容易损坏。变换刀架时应远离旋转的工件，防止车刀损坏。

5）车削时应集中注意力，防止滑板与刀架相撞等事故的发生。

6）摇动中滑板进行车削时，应注意消除中滑板的空行程，减小机床误差。

7）必须按要求操作游标卡尺与外径千分尺。

8）测量时，应关掉主电动机，防止发生意外。

任务二 技能操作训练

1. 简单外圆的车削

（1）操作训练（图3-7）。

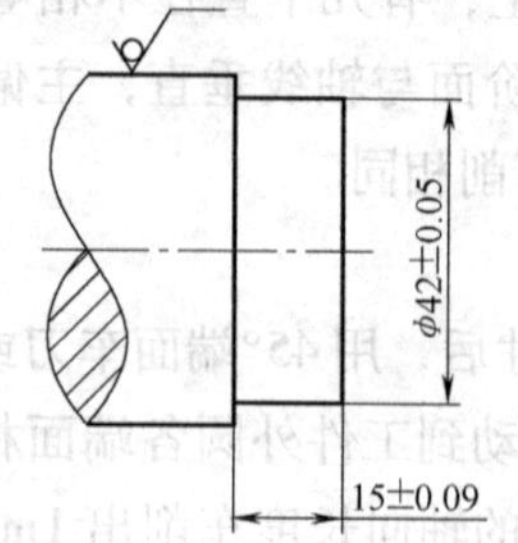

技术要求
锐角倒钝C0.5。

Ra 3.2 (√)

序号	任务名称	训练内容	材料	规格
练3-1	外圆的车削	简单外圆	45 钢	ϕ45×160

图3-7　简单外圆的车削训练

（2）工具、量具的准备（表3-1）。

表3-1　车削简单外圆的工具、量具清单

类别	序号	名　称	规　格	分度值/mm	数量	备注
量具	1	外径千分尺	0～25mm	0.01	1	
	2		25～50mm	0.01	1	
	3	游标卡尺	0～150mm	0.02	1	
刃具	1	90°外圆车刀	刀杆25mm×25mm	—	1	
	2	45°端面车刀	刀杆25mm×25mm	—	1	
工具	1	卡盘、刀架扳手	—	—	各1	
	2	加力杆	—	—	1	
	3	回转顶尖	莫氏锥度 No.5	—	1	
	4	铁屑钩子	—	—	1	
	5	油壶	—	—	1	
	6	刷子	—	—	1	
	7	垫刀片	—	—	若干	
材料	1	45 钢	ϕ45mm×160mm	—	1	
设备	1	车床	CA6140	—	1	

（3）加工工艺分析。

① 装夹工件毛坯外圆，伸出50mm左右，找正后夹紧。

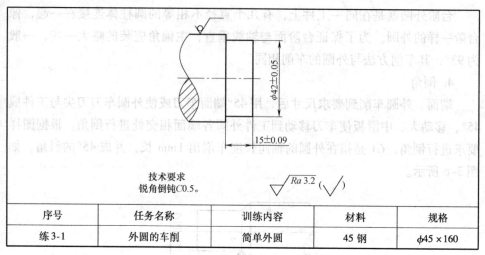

② 粗、精车端面。

③ 粗车毛坯外圆至 ϕ42.5mm，长度为 14.5mm。

④ 精车外圆（ϕ42 ±0.05）mm，长度为（15 ±0.09）mm。

⑤ 锐角倒钝 C0.5。

⑥ 检验。

（4）巩固训练（图 3-8）。

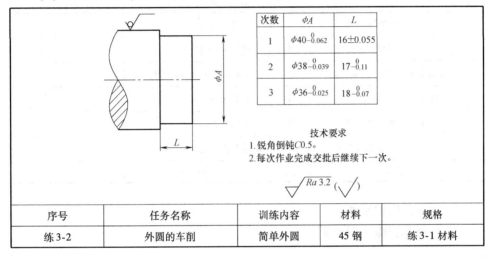

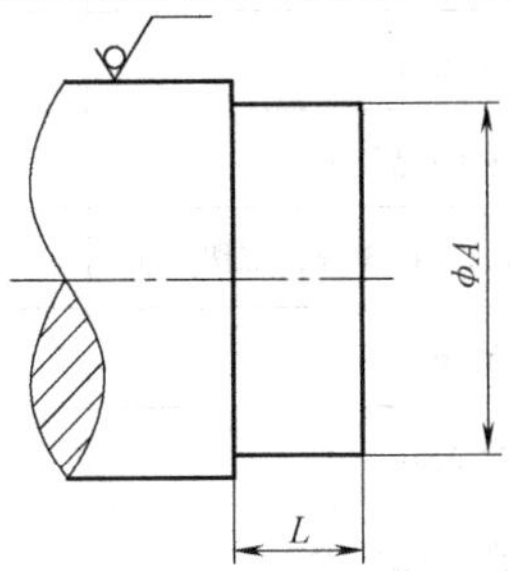

次数	ϕA	L
1	$\phi 40_{-0.062}^{0}$	16±0.055
2	$\phi 38_{-0.039}^{0}$	$17_{-0.11}^{0}$
3	$\phi 36_{-0.025}^{0}$	$18_{-0.07}^{0}$

技术要求

1. 锐角倒钝C0.5。
2. 每次作业完成交批后继续下一次。

Ra 3.2 (√)

序号	任务名称	训练内容	材料	规格
练 3-2	外圆的车削	简单外圆	45 钢	练 3-1 材料

图 3-8　简单外圆的车削巩固训练

（5）检测与评分　工件加工结束后对其进行检测，并对工件进行误差与质量分析，将结果填入表 3-2。

表 3-2　简单外圆的车削训练与巩固训练评分表　（单位：mm）

班级		姓名		学号		加工日期		
任务内容		简单外圆的车削		任务序号		练 3-1、练 3-2		
检测项目		检测内容	配分	评分标准		自测	教师检测	得分
1	外圆	ϕ42 ±0.05　Ra 3.2μm	8，3	超差 0.01 扣 3 分，降级无分				
	长度	15 ±0.09	7	超差无分				
	其他	锐角倒钝 C 0.5	2	不符合无分				
		安全文明实习	5	违章视情况扣分				
2	外圆	$\phi 40_{-0.062}^{0}$　Ra 3.2μm	8，3	超差 0.01 扣 3 分，降级无分				
	长度	16 ±0.055	7	超差无分				
	其他	锐角倒钝 C0.5	2	不符合无分				
		安全文明实习	5	违章视情况扣分				

（续）

班级		姓名		学号		加工日期	
任务内容		简单外圆的车削		任务序号		练 3-1、练 3-2	
检测项目		检测内容	配分	评分标准	自测	教师检测	得分
3	外圆	$\phi38_{-0.039}^{0}$　Ra 3.2μm	8，3	超差 0.01 扣 3 分，降级无分			
	长度	$17_{-0.11}^{0}$	7	超差无分			
	其他	锐角倒钝 C0.5	2	不符合无分			
		安全文明实习	5	违章视情况扣分			
4	外圆	$\phi36_{-0.025}^{0}$　Ra 3.2μm	8，3	超差 0.01 扣 3 分，降级无分			
	长度	$18_{-0.07}^{0}$	7	超差无分			
	其他	锐角倒钝 C0.5	2	不符合无分			
		安全文明实习	5	违章视情况扣分			
总配分			100	总得分			

2. 台阶外圆的车削

（1）操作训练（图 3-9）。

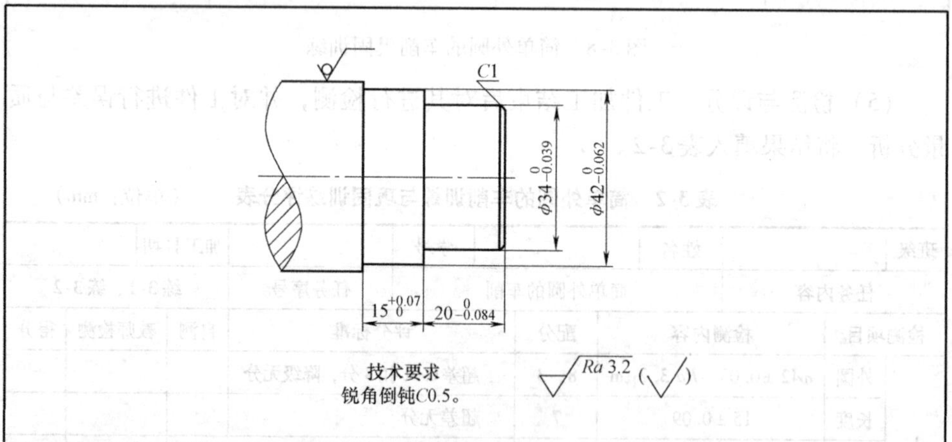

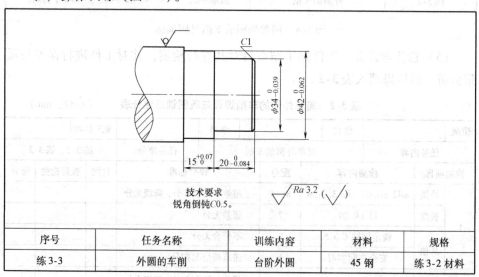

序号	任务名称	训练内容	材料	规格
练 3-3	外圆的车削	台阶外圆	45 钢	练 3-2 材料

图 3-9　台阶外圆的车削训练

（2）工具、量具准备（表 3-3）。

表 3-3 车削台阶外圆的工具、量具清单

类别	序号	名 称	规 格	分度值（mm）	数量	备注
量具	1	外径千分尺	0 ~ 25mm	0.01	1	
	2		25 ~ 50mm	0.01	1	
	3	游标卡尺	0 ~ 150mm	0.02	1	
刃具	1	90°外圆车刀	刀杆 25mm × 25mm	—	1	
	2	45°端面车刀	刀杆 25mm × 25mm	—	1	
工具	1	卡盘，刀架扳手	—	—	各 1	
	2	加力杆	—	—	1	
	3	回转顶尖	莫氏锥度 No. 5	—	1	
	4	铁屑钩子	—	—	1	
	5	油壶	—	—	1	
	6	刷子	—	—	1	
	7	垫刀片	—	—	若干	
材料	1	45 钢	练 3-2 材料	—	1	
设备	1	车床	CA6140	—	1	

（3）加工工艺分析。

1）装夹工件毛坯外圆，伸出 50mm 左右，找正夹紧。

2）粗、精车端面。

3）粗车尺寸要求为 ϕ34mm 处的外圆至 ϕ35mm，长度为 19.5mm；粗车尺寸要求为 ϕ42mm 处的外圆至 ϕ43mm，长度为 15mm。

4）精车外圆 $\phi 34_{-0.039}^{\ 0}$ mm，长度为 $20_{-0.084}^{\ 0}$ mm；精车外圆 $\phi 42_{-0.062}^{\ 0}$ mm，长度为 $15_{\ 0}^{+0.07}$ mm。

5）倒角 $C1$，锐角倒钝 $C\,0.5$

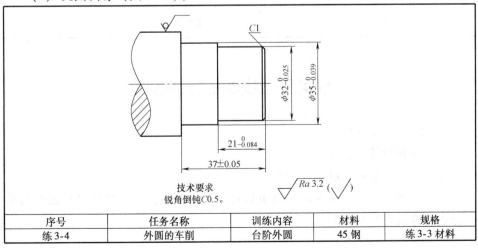

6）检验。

（4）巩固训练（图 3-10）。

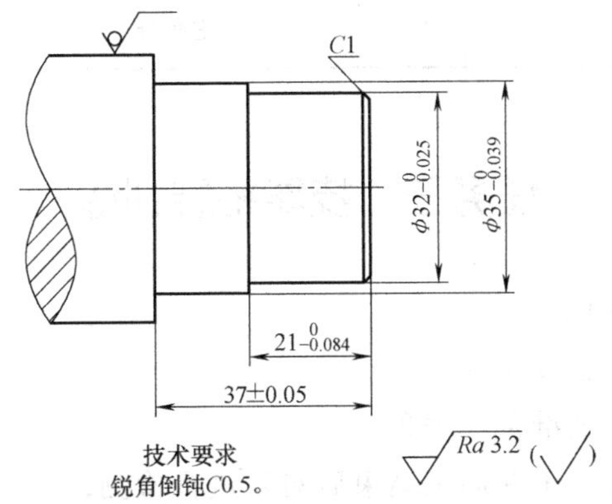

序号	任务名称	训练内容	材料	规格
练 3-4	外圆的车削	台阶外圆	45 钢	练 3-3 材料

图 3-10 台阶外圆车削的巩固训练

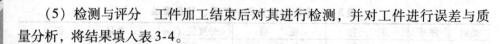

（5）检测与评分　工件加工结束后对其进行检测，并对工件进行误差与质量分析，将结果填入表3-4。

表3-4　台阶外圆的车削训练与巩固训练评分表　（单位：mm）

班级			姓名		学号		加工日期
任务内容		台阶外圆的车削		任务序号		练3-3、练3-4	
检测项目		检测内容	配分	评分标准	自测	教师检测	得分
1	外圆	$\phi42_{-0.062}^{\ 0}$　$Ra\,3.2\mu m$	10，3	超差0.01扣3分，降级无分			
		$\phi34_{-0.039}^{\ 0}$　$Ra\,3.2\mu m$	10，3	超差0.01扣3分，降级无分			
	长度	$15_{\ 0}^{+0.07}$	7	超差无分			
		$20_{-0.084}^{\ 0}$	7	超差无分			
	其他	倒角C1	2	不符合无分			
		锐角倒钝C0.5	2	不符合无分			
		安全文明实习	6	违章视情况扣分			
2	外圆	$\phi35_{-0.039}^{\ 0}$　$Ra\,3.2\mu m$	10，3	超差0.01扣3分，降级无分			
		$\phi32_{-0.025}^{\ 0}$　$Ra\,3.2\mu m$	10，3	超差0.01扣3分，降级无分			
	长度	$21_{-0.084}^{\ 0}$	7	超差无分			
		37 ± 0.05	7	超差无分			
	其他	倒角C1	2	不符合无分			
		锐角倒钝C0.5	2	不符合无分			
		安全文明实习	6	违章视情况扣分			
总配分			100	总得分			

任务三　技能拓展训练

1. 简单外圆的车削

（1）拓展训练（图3-11）。

（2）工具、量具的准备（表3-5）。

（3）检测与评分　工件加工结束后对其进行检测，并对工件进行误差与质量分析，将结果填入表3-6。

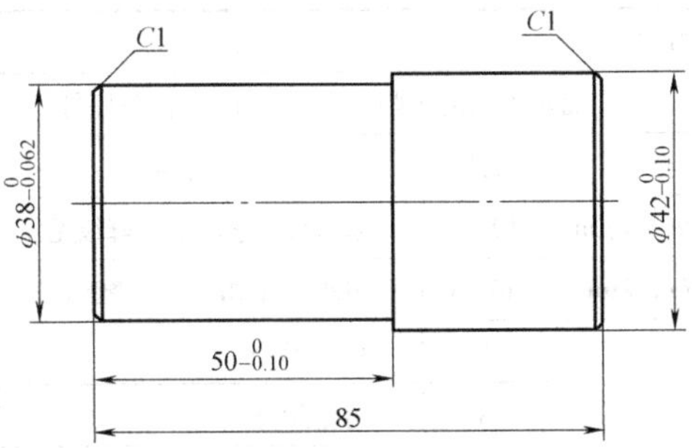

技术要求

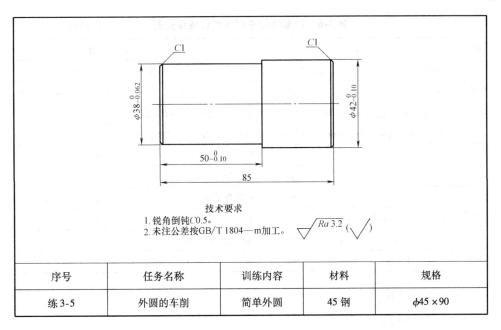

1. 锐角倒钝C0.5。
2. 未注公差按GB/T 1804—m加工。 $\sqrt{Ra\ 3.2}$ ($\sqrt{}$)

序号	任务名称	训练内容	材料	规格
练 3-5	外圆的车削	简单外圆	45 钢	ϕ45 ×90

图 3-11 简单外圆车削的拓展训练

表 3-5 简单外圆车削的拓展训练的工具、量具清单

类别	序号	名 称	规 格	分度值（mm）	数量	备注
量具	1	外径千分尺	0 ~ 25mm	0. 01	1	
	2		25 ~ 50mm	0. 01	1	
	3	游标卡尺	0 ~ 150mm	0. 02	1	
刃具	1	90°外圆车刀	刀杆 25mm ×25mm	—	1	
	2	45°端面车刀	刀杆 25mm ×25mm	—	1	
工具	1	卡盘、刀架扳手	—	—	各 1	
	2	加力杆	—	—	1	
	3	回转顶尖	莫氏锥度 No. 5	—	1	
	4	铁屑钩子	—	—	1	
	5	油壶	—	—	1	
	6	刷子	—	—	1	
	7	垫刀片	—	—	若干	
材料	1	45 钢	ϕ45 ×90	—	1	
设备	1	车床	CA6140	—	1	

表 3-6　简单外圆车削拓展训练评分表　　　（单位：mm）

班级		姓名		学号		加工日期	
任务内容		简单外圆的车削		任务序号		练 3-5	
检测项目		检测内容	配分	评分标准	自测	教师检测	得分
外圆	1	$\phi42_{-0.10}^{\ 0}$　*Ra* 3.2μm	10，3	超差 0.01 扣 3 分，降级无分			
	2	$\phi38_{-0.062}^{\ 0}$　*Ra* 3.2μm	10，3	超差 0.01 扣 3 分，降级无分			
长度	3	85	6	超差无分			
	4	$50_{-0.10}^{\ 0}$	8	超差无分			
其他	5	倒角 *C*1 两处	4	不符合无分			
	6	锐角倒钝 *C*0.5	1	不符合无分			
	7	安全文明实习	5	违章视情况扣分			
总配分			50	总得分			

2. 台阶外圆的车削

（1）拓展训练（图 3-12）。

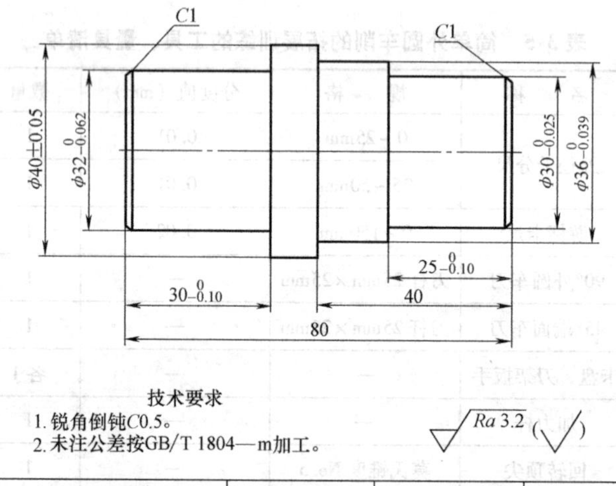

序号	任务名称	训练内容	材料	规格
练 3-6	外圆的车削	台阶外圆	45 钢	练 3-5 材料

图 3-12　台阶外圆车削的拓展训练

（2）工具、量具的准备（表 3-7）。

表 3-7 台阶外圆车削拓展训练的工具、量具清单

类别	序号	名称	规格	分度值（mm）	数量	备注
量具	1	外径千分尺	0 ~ 25mm	0.01	1	
	2		25 ~ 50mm	0.01	1	
	3	游标卡尺	0 ~ 150mm	0.02	1	
刃具	1	90°外圆车刀	刀杆 25mm × 25mm	—	1	
	2	45°端面车刀	刀杆 25mm × 25mm	—	1	
工具	1	卡盘、刀架扳手	—	—	各 1	
	2	加力杆	—	—	1	
	3	回转顶尖	莫氏锥度 No. 5	—	1	
	4	铁屑钩子	—	—	1	
	5	油壶	—	—	1	
	6	刷子	—	—	1	
	7	垫刀片	—	—	若干	
材料	1	45 钢	练 3-5 材料	—	1	
设备	1	车床	CA6140	—	1	

（3）检测与评分 工件加工结束后对其进行检测，并对工件进行误差与质量分析，将结果填入表 3-8。

表 3-8 台阶外圆车削拓展训练评分表 （单位：mm）

班级			姓名		学号		加工日期		
任务内容			台阶外圆的车削		任务序号		练 3-6		
检测项目		检测内容	配分	评分标准			自测	教师检测	得分
外圆	1	$\phi40 \pm 0.05$ Ra 3.2μm	5，2	超差 0.01 扣 2 分，降级无分					
	2	$\phi36_{-0.039}^{0}$ Ra 3.2μm	5，2	超差 0.01 扣 2 分，降级无分					
	3	$\phi32_{-0.062}^{0}$ Ra 3.2μm	5，2	超差 0.01 扣 2 分，降级无分					
	4	$\phi30_{-0.025}^{0}$ Ra 3.2μm	5，2	超差 0.01 扣 2 分，降级无分					
长度	5	80	4	超差无分					
	6	$30_{-0.10}^{0}$	4	超差无分					
	7	$25_{-0.10}^{0}$	4	超差无分					
	8	40	2	超差无分					
其他	9	倒角 $C1$ 两处	2	不符合无分					
	10	锐角倒钝 $C0.5$	1	不符合无分					
	11	安全文明实习	5	违章视情况扣分					
总配分			50	总得分					

思考与练习

1. 车刀的安装有哪些要求？
2. 试述端面与外圆的车削过程。
3. 简试用游标卡尺与千分尺进行测量时的注意事项。
4. 如何准确控制台阶外圆的长度尺寸？

项目四

中心孔与夹顶车削

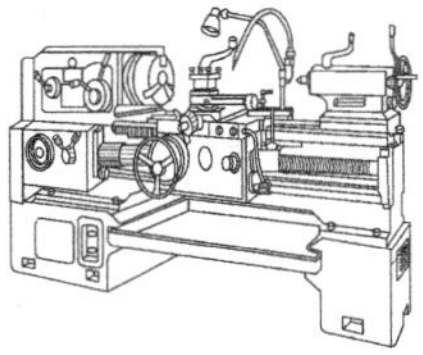

学习目标：

1. 了解中心孔的种类及其作用。
2. 学会中心孔的装夹及其钻削方法。
3. 掌握一夹一顶装夹及工件车削的方法。
4. 掌握两顶尖装夹及工件车削的方法。

任务一　工艺知识讲解

一、相关工艺知识

在车削过程中，对需要多次装夹才能完成车削工作的轴类工件，一般是先在工件的两端钻出中心孔，然后采用一夹一顶或两顶尖的方式进行装夹，确保工件定心准确和便于装卸。

1. 中心孔的种类

中心孔按形状和作用可分为 A、B、C、R 四种类型，如图 4-1 所示。

2. 中心孔的作用

A 型中心孔由圆柱部分和圆锥部分组成，圆锥孔为 60°，适用于不需要多次装夹或不保留中心孔且精度一般的工件。

B 型中心孔是在 A 型中心孔的端部多钻出一个 120°的圆锥孔，目的是保护 60°锥孔，不让其受到损伤。适用于多次装夹，且精度较高的工件。

C 型中心孔的外端形似 B 型中心孔，里端有一个比圆柱孔小的内螺纹，适用于工件之间的紧固连接。

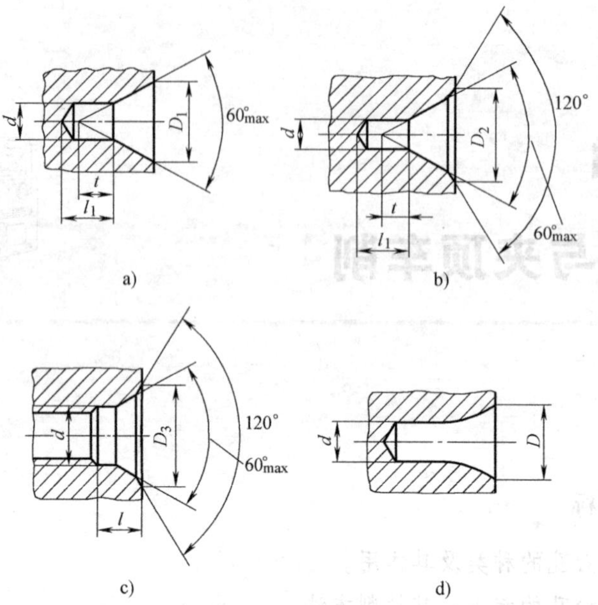

图 4-1　中心孔的类型

a）A 型中心孔　b）B 型中心孔　c）C 型中心孔　d）R 型中心孔

R 型中心孔是将 A 型中心孔的圆锥素线改为圆弧线，以减少中心孔与顶尖的接触面积，减少摩擦力，提高定位精度，适用于精度较高的工件。

这四种中心孔圆柱部分的作用是储存油脂，保护顶尖，使顶尖与 60°锥孔配合贴切。同时，圆柱孔的直径也就是所选取的中心钻的基本尺寸。

3. 中心钻

加工中心孔通常使用中心钻，常用的中心钻有 A 型与 B 型两种，如图 4-2 所示。制造中心钻的材料一般为高速工具钢。

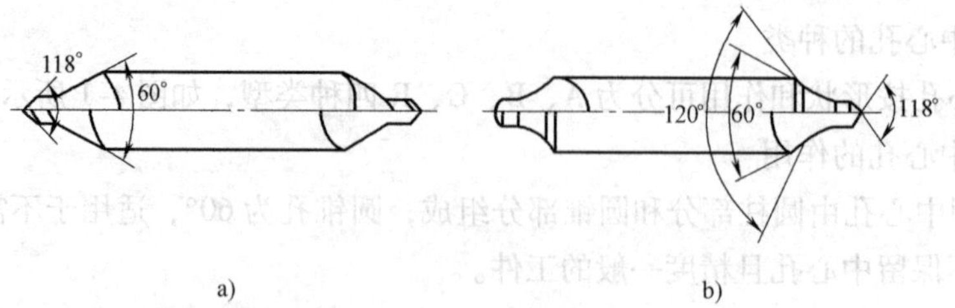

图 4-2　中心钻的种类

a）A 型中心钻　b）B 型中心钻

4. 中心钻的装夹与钻中心孔的方法

（1）中心钻在钻夹头中的装夹　按逆时针方向旋转钻夹头的外套，使钻夹头的三爪张开，把中心钻插入，然后用扳手以顺时针方向转动钻夹头的外套，把中心钻夹紧。

（2）钻夹头在尾座锥孔中的装夹　先清洁钻夹头的夹持部位和尾座锥孔，然后用轴向力安装钻夹头。

（3）找正尾座中心　工件装夹在卡盘上后，开动车床转动，移动尾座使中心钻接近工件端面，观察中心钻头部是否对准工件的旋转中心，并找正，然后紧固尾座。

（4）转速的选择和钻削　由于中心孔直径小，钻削时应选取较高的转速，进给量应小而均匀。中心钻钻入工件时应加切削液，以保证其顺利钻削、表面光滑。钻削完毕时中心钻应停留 1～2s，然后退出，使中心孔光、圆、准确。

二、一夹一顶装夹

车削一般的轴类零件时，尤其是粗大笨重的工件安装时的稳定性不高，导致切削用量的选择受到了限制，这时一般采用一端夹住（用自定心卡盘或单动卡盘），另一端用后顶尖顶住的装夹方式来车削工件，即“一夹一顶”。为了防止工件轴向窜动，通常在卡盘内设置轴向限位支承，或夹住工件的台阶处作为限位支承。这种车削方法比较安全、可靠，能承受较大的切削力，轴向定位准确，因此它是车工常用的装夹方法，如图 4-3 所示。但这种方法对于相互位置精度要求较高的工件，在需调头车削时较难以找正。

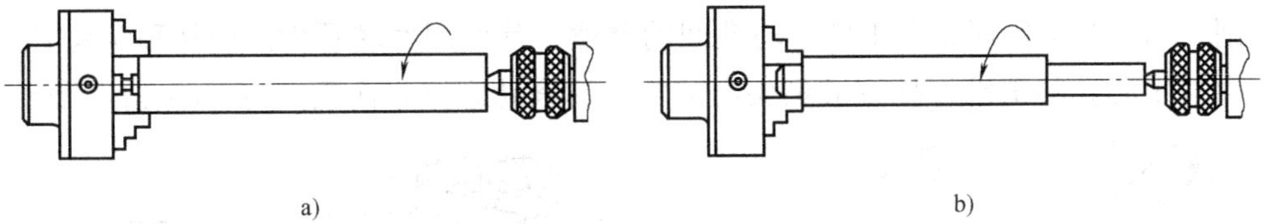

图 4-3　一夹一顶装夹工件

a）用专用限位支承限位　b）用工件台阶限位

三、两顶尖装夹

两顶尖装夹工件方便，不需要找正，而且定位精度高，但装夹前必须在工件的两端面钻出合适的中心孔。顶尖的作用是定中心，承受工件的重力和切削时的切削力，它分为前顶尖和后顶尖。

1. 前顶尖

前顶尖随同工件一起旋转，与中心孔无相对运动，不产生摩擦力。前顶尖有两种类型：一种是插入主轴锥孔内的前顶尖，如图4-4a所示，适合批量生产；另一种是装夹在卡盘上的前顶尖，如图4-4b所示，这种顶尖在每次使用前都要重新修整锥面，以保证顶尖锥面的轴线与车床主轴旋转中心重合，其优点是制造方便，定心准确。

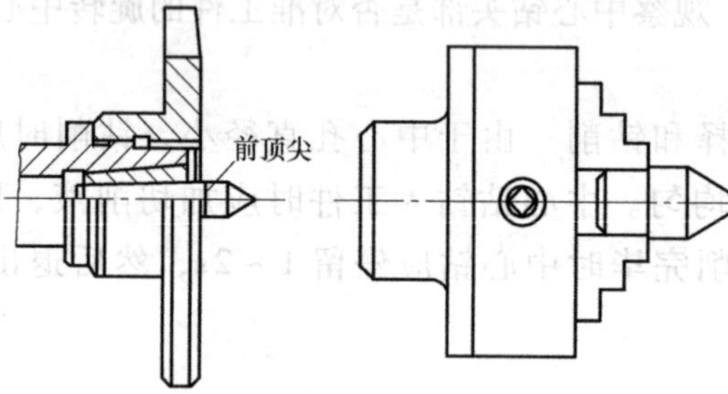

a) b)

图4-4 前顶尖

a）锥体前顶尖 b）自制前顶尖

2. 后顶尖

插入尾座套筒锥孔中的顶尖称作后顶尖。后顶尖可分为硬质合金固定顶尖、普通固定顶尖及回转顶尖，如图4-5所示。固定顶尖的优点是定心准确，刚性好，切削时不易产生振动。其缺点是与工件中心孔有相对滑动，易磨损，易产生高温烧坏顶尖，因此只能用于低速车削；硬质合金顶尖则可用于高速车削。为了减小后顶尖与工件中心孔间的摩擦，常使用回转顶尖。回转顶尖将顶尖与中心孔的滑动摩擦变成顶尖内部轴承的滚动摩擦，而顶尖与中心孔间无相

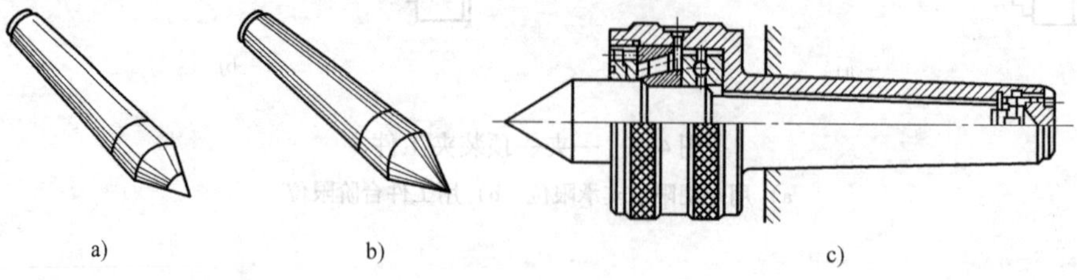

a) b) c)

图4-5 后顶尖

a）硬质合金固定顶尖 b）普通固定顶尖 c）回转顶尖

对运动，所以能承受较高的转速，克服了固定顶尖的缺点，是目前应用最多的顶尖；其缺点是定心精度和刚性较差。

3. 工件的装夹与车削

1）先装夹前顶尖（自制前顶尖装夹后锥面要车削修整），然后把后顶尖插入尾座锥孔内，并向车头方向移动尾座，对准前顶尖中心。

2）根据工件的长度调整尾座并锁紧。

3）用鸡心夹头或对分夹头夹紧工件的一端，拨杆伸向端面以外。因两顶尖对工件只起定心与支承作用，所以必须通过鸡心夹头或对分夹头的拨杆来带动工件旋转。

4）将工件夹有鸡心夹头的一端中心孔安装在前顶尖上，并使拨杆贴近卡盘卡爪或插入卡盘的凹槽中。

5）转动尾座手轮，使后顶尖顶入工件尾端的中心孔内，其松紧程度以工件没有轴向窜动为宜。如果后顶尖用固定顶尖支顶，应加润滑脂，然后将尾座套筒锁紧，如图 4-6 所示。

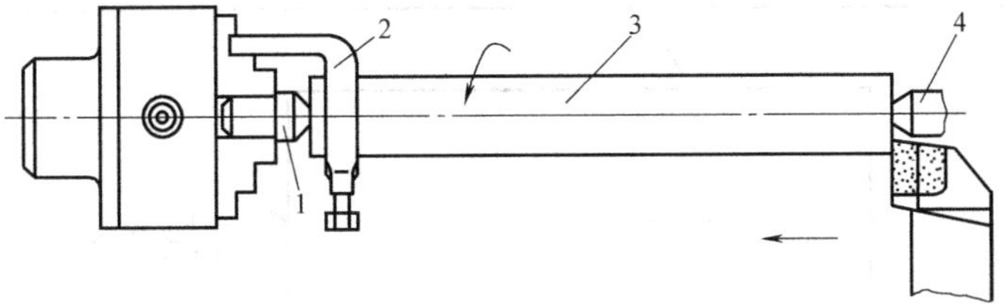

图 4-6 两顶尖装夹与车削工件

1—自制前顶尖 2—鸡心夹头 3—工件 4—后顶尖

四、夹顶车削时的注意事项

1）中心钻的轴线应与工件旋转中心重合。

2）钻削时中心钻折断的原因为：

① 工件端面留有凸台，使中心钻钻偏而折断。

② 中心钻的轴线没有对准工件的旋转中心。

③ 在移动尾座时撞断。

④ 钻削时转速太低，进给量太大。

3）中心孔钻好时不能马上退出中心钻，应停留 1 ~ 2s 再退出，使中心孔光、圆、准确。

4）一夹一顶装夹时，顶尖不能顶得太紧或太松。过紧时易产生摩擦热，烧坏顶尖及中心孔；过松，工件易产生跳动，导致外圆变形。

5）一夹一顶车削时，工件在进给力的作用下易产生轴向位移。因此，要随时注意回转顶尖的转动情况，并及时调整，防止事故发生。

6）使用两顶尖装夹工件时，前、后顶尖的中心线与车床主轴的轴线应重合，否则车出的工件会产生锥度。

7）在不影响车削的前提下，尾座套筒应尽量伸出得短些，以增加刚度，减少振动。

8）当后顶尖用固定顶尖时，由于中心孔与顶尖间有滑动摩擦，故应在中心孔内加入润滑脂（凡士林），以防温度过高而损坏顶尖或中心孔。

任务二　技能操作训练

1. 操作训练

中心孔的钻削训练如图 4-7 所示。

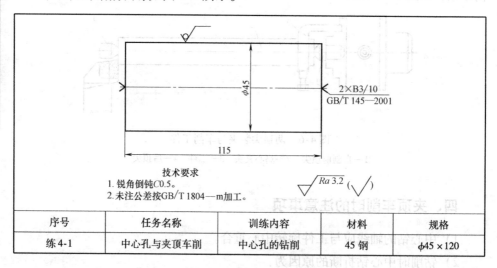

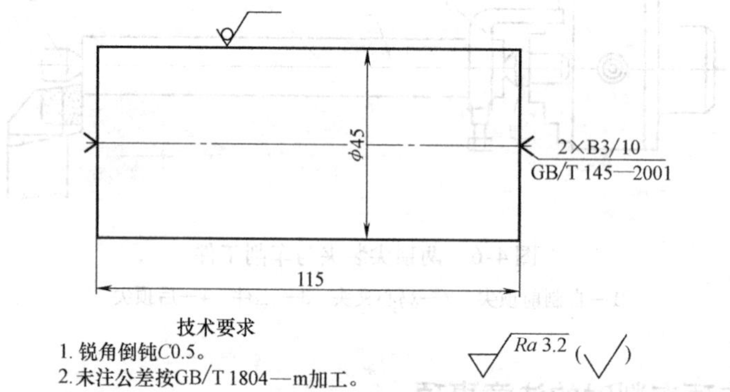

序号	任务名称	训练内容	材料	规格
练 4-1	中心孔与夹顶车削	中心孔的钻削	45 钢	$\phi45\times120$

图 4-7　中心孔的钻削训练

2. 工具、量具的准备（表 4-1）

表 4-1　中心孔钻削的工具、量具准备清单

类别	序号	名　称	规　格	分度值/mm	数量	备注
量具	1	外径千分尺	0 ~ 25mm	0. 01	1	
	2		25 ~ 50mm	0. 01	1	
	3	游标卡尺	0 ~ 150mm	0. 02	1	

（续）

类别	序号	名　称	规　格	分度值/mm	数量	备注
刃具	1	90°外圆车刀	刀杆 25mm×25mm	—	1	
	2	45°端面车刀	刀杆 25mm×25mm	—	1	
	3	中心钻	B3/10	—	1	
工具	1	卡盘、刀架扳手	—	—	各 1	
	2	加力杆	—	—	1	
	3	回转顶尖	莫氏锥度 No. 5	—	1	
	4	钻夹头	1～13mm，莫氏锥度 No. 5	—	1	
	5	铁屑钩子	—	—	1	
	6	油壶	—	—	1	
	7	刷子	—	—	1	
	8	垫刀片	—	—	若干	
材料	1	45 钢	ϕ45mm×120mm	—	1	
设备	1	车床	CA6140	—	1	

3. 加工工艺分析

1）装夹工件毛坯外圆，伸出 50mm 左右，找正夹紧。

2）粗、精车端面。

3）钻中心孔 B3/10。

4）掉头装夹，夹工件毛坯外圆，伸出 50mm 左右，找正夹紧。

5）粗、精车端面，保证总长 115mm。

6）钻中心孔 B3/10。

7）检验。

4. 巩固训练

一夹一顶车削外圆，如图 4-8 所示。

5. 检测与评分

工件加工结束后对其进行检测，并对工件进行误差与质量分析，将结果填入表 4-2。

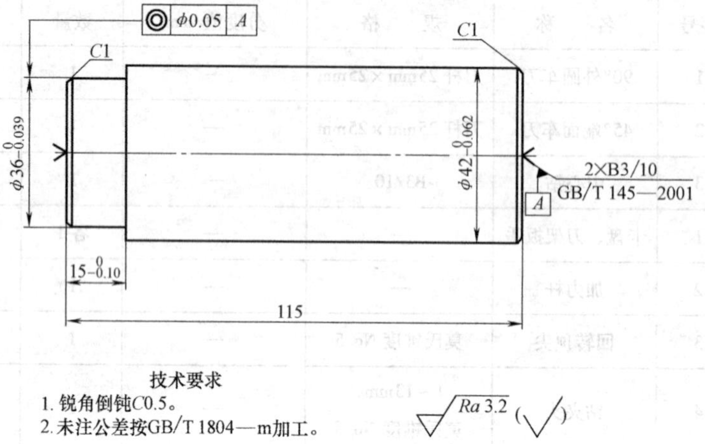

序号	任务名称	训练内容	材料	规格
练 4-2	中心孔与夹顶车削	一夹一顶车削外圆	45 钢	练 4-1 材料

图 4-8　一夹一顶车削外圆

表 4-2　中心孔的钻削与一夹一顶车削外圆的评分表　（单位：mm）

班级			姓名		学号		加工日期
任务内容			中心孔与夹顶车削		任务序号	练 4-1、练 4-2	
检测项目		检测内容	配分	评分标准	自测	教师检测	得分
外圆	1	$\phi42_{-0.062}^{0}$　*Ra* 3.2μm	6，2	超差 0.01 扣 2 分，降级无分			
	2	$\phi36_{-0.039}^{0}$　*Ra* 3.2μm	6，2	超差 0.01 扣 2 分，降级无分			
长度	3	115	5	超差无分			
	4	$15_{-0.10}^{0}$	6	超差无分			
几何公差	5	◎ φ0.05 A	6	超差无分			
其他	6	中心孔 B3/10 两端	3，3	不符合无分			
	7	倒角 *C*1 两处	4	不符合无分			
	8	锐角倒钝 *C*0.5	2	不符合无分			
	9	安全文明实习	5	违章视情况扣分			
总配分			50	总得分			

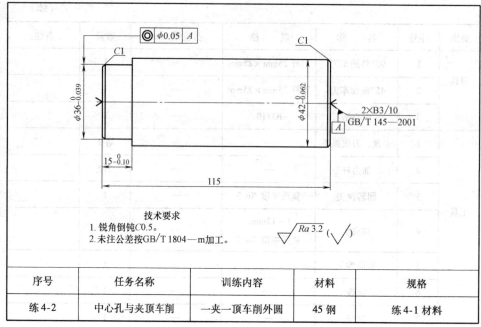

任务三 技能拓展训练

1. 拓展训练（图 4-9）

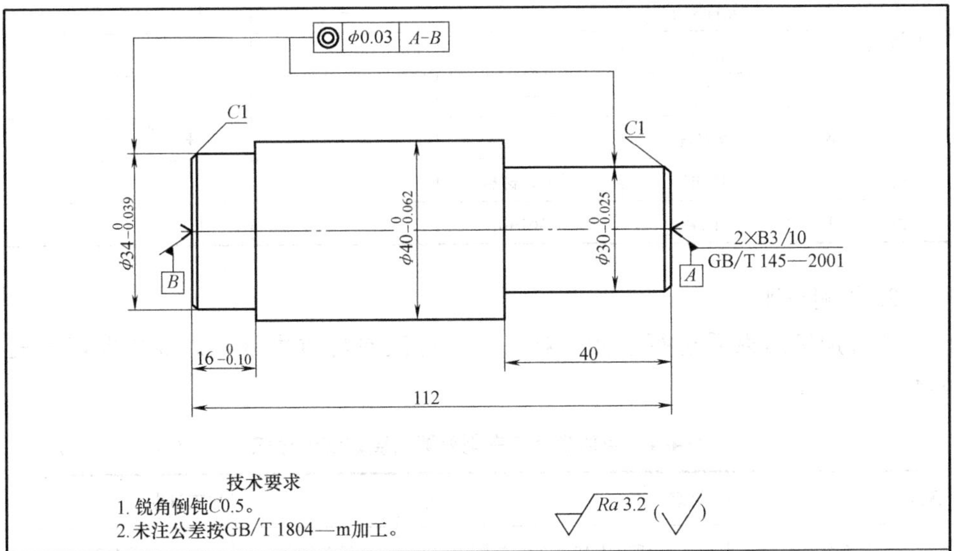

序号	任务名称	训练内容	材料	规格
练 4-3	中心孔与夹顶车削	两顶尖装夹车削外圆	45 钢	练 4-2 材料

图 4-9 两顶尖装夹车削外圆拓展训练

2. 工具、量具的准备（表 4-3）

表 4-3 两顶尖装夹车削外圆拓展训练工具、量具清单

类别	序号	名　　称	规　　格	分度值/mm	数量	备注
量具	1	外径千分尺	0 ~ 25mm	0. 01	1	
	2		25 ~ 50mm	0. 01	1	
	3	游标卡尺	0 ~ 150mm	0. 02	1	
刃具	1	90°外圆车刀	刀杆 25mm × 25mm	—	1	
	2	45°端面车刀	刀杆 25mm × 25mm	—	1	
	3	中心钻	B3/10	—	1	
工具	1	卡盘、刀架扳手	—	—	各 1	
	2	加力杆	—	—	1	
	3	活络顶尖	莫氏锥度 No. 5	—	1	

（续）

类别	序号	名　　称	规　格	分度值/mm	数量	备注
工具	4	钻夹头	1～13mm，莫氏锥度 No. 5	—	1	
	5	铁屑钩子	—	—	1	
	6	油壶	—	—	1	
	7	刷子	—	—	1	
	8	垫刀片	—	—	若干	
材料	1	45 钢	练 4-2 材料	—	1	
设备	1	车床	CA6140	—	1	

3. 检测与评分

工件加工结束后进行检测，对工件进行误差与质量分析，将结果填入表 4-4。

表 4-4　两顶尖装夹车削外圆拓展训练评分表　　（单位：mm）

班级		姓名		学号		加工日期	
任务内容		两顶尖装夹车削外圆		任务序号		练 4-3	
检测项目		检测内容	配分	评分标准	自测	教师检测	得分
外圆	1	$\phi40_{-0.062}^{0}$　*Ra* 3.2μm	6，2	超差 0.01 扣 2 分，降级无分			
	2	$\phi34_{-0.039}^{0}$　*Ra* 3.2μm	6，2	超差 0.01 扣 2 分，降级无分			
	3	$\phi30_{-0.025}^{0}$　*Ra* 3.2μm	6，2	超差 0.01 扣 2 分，降级无分			
长度	4	112	3	超差无分			
	5	$16_{-0.10}^{0}$	4	超差无分			
	6	40	3	超差无分			
几何公差	7	◎ | $\phi0.03$ | *A-B*	6	超差无分			
其他	8	中心孔 B3/10 两端	2	不符合无分			
	9	倒角 *C*1 两处	2	不符合无分			
	10	锐角倒钝 *C*0.5	1	不符合无分			
	11	安全文明实习	5	违章视情况扣分			
总配分			50	总得分			

思考与练习

1. 中心孔有哪些类型？如何选用？
2. 中心孔在钻削时应注意哪些问题？
3. 简述一夹一顶装夹工件的过程。
4. 用两顶尖装夹工件时应注意什么？

项目五

外圆锥的车削

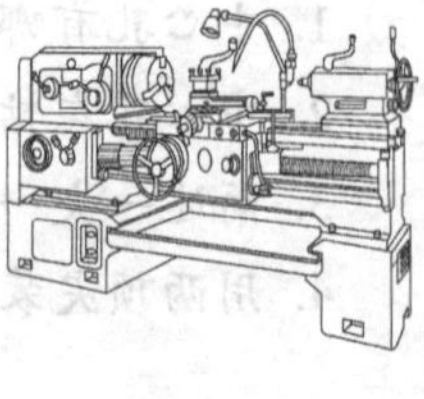

学习目标：

1. 了解外圆锥的尺寸计算方法。
2. 学会根据工件的锥度计算小滑板转动角度的方法。
3. 掌握外圆锥的测量方法。
4. 掌握转动小滑板车削圆锥的方法。

任务一　工艺知识讲解

一、相关工艺知识

1. 圆锥的应用及特点

在车床和工具中，有许多使用圆锥配合的场合，如车床主轴锥孔与顶尖的配合，车床尾座锥孔与麻花钻锥柄的配合等，如图 5-1 所示。常见的圆锥零件有锥齿轮、锥形主轴、带锥孔齿轮、锥形手柄等，如图 5-2 所示。

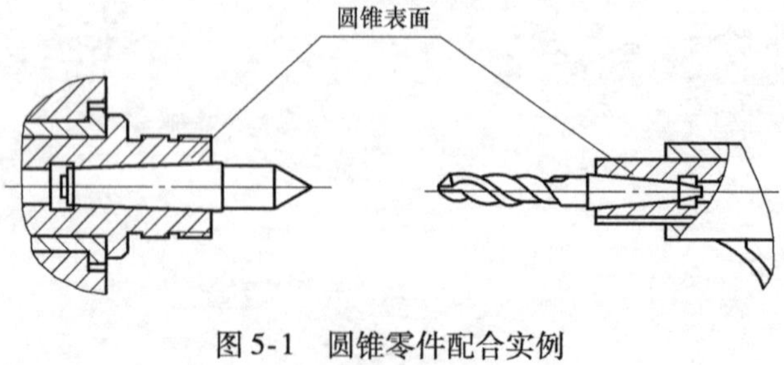

图 5-1　圆锥零件配合实例

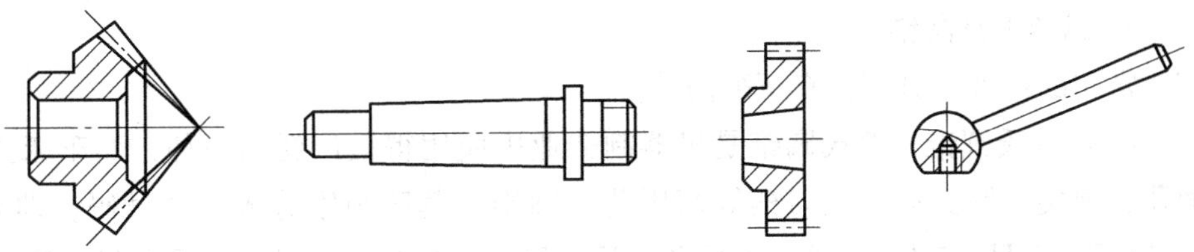

a) b) c) d)

图 5-2 常见含圆锥面的零件

a）锥齿轮 b）锥形主轴 c）带锥孔齿轮 d）锥形手柄

2. 圆锥的各部分名称及尺寸计算

（1）圆锥表面和圆锥 圆锥表面是由与轴线成一定角度且一端相交于轴线的一条直线段（母线），绕该轴线旋转一周所形成的表面，如图 5-3 所示。由圆锥表面和一定尺寸所限定的几何体，称为圆锥。

（2）圆锥的基本参数 圆锥的基本参数如图 5-4 所示。

1）圆锥半角 $\alpha/2$：圆锥角 α 是在通过圆锥轴线的截面内，两条素线间的夹角。在车削时经常用到的是圆锥角 α 的一半即圆锥半角 $\alpha/2$。

2）最大圆锥直径 D：简称大端直径。

3）最小圆锥直径 d：简称小端直径。

4）圆锥长度 L：最大圆锥直径处与最小圆锥直径处的轴向距离。

5）锥度 C：圆锥大、小端直径之差与长度之比，即

$$C=\frac{D-d}{L} \tag{5-1}$$

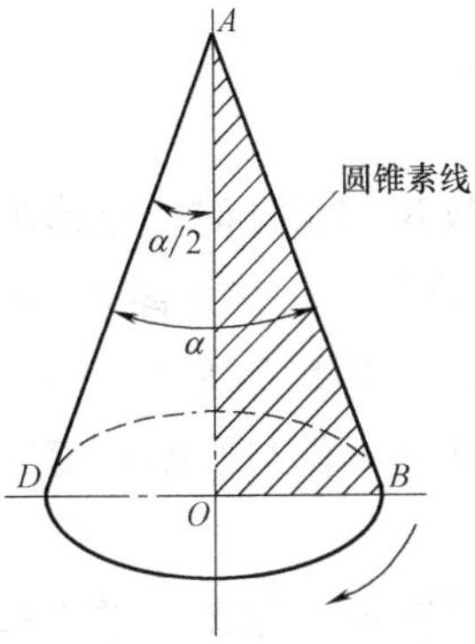

图 5-3 圆锥

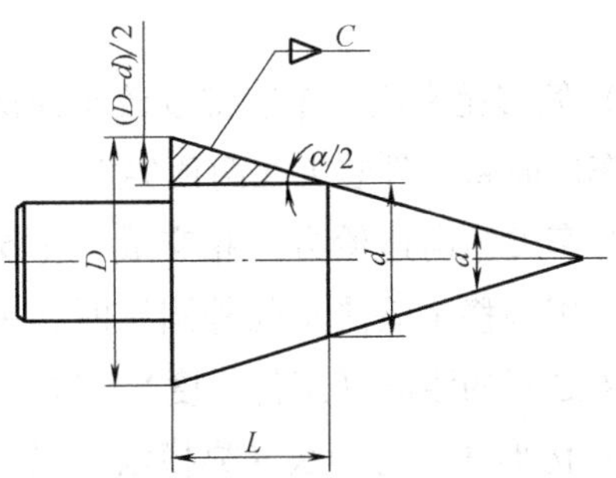

图 5-4 圆锥的尺寸计算

3. 标准工具圆锥

常用的标准工具圆锥有下列两种。

（1）莫氏圆锥　莫氏圆锥是机器制造业中应用得最广泛的一种，如车床主轴孔、顶尖、钻头柄、铰刀柄等都用莫氏圆锥。莫氏圆锥分成七个号码，即 0 号、1 号、2 号、3 号、4 号、5 号和 6 号，最小的是 0 号，最大的是 6 号。当号数不同时，圆锥半角也不同。莫氏圆锥是从英制换算过来的。

（2）米制圆锥　米制圆锥有八个号码，即 4 号、6 号、80 号、100 号、120 号、140 号、160 号和 200 号。它的号码是指大端的直径，锥度固定不变，即 $C=1:20$。例如 100 号米制圆锥，它的大端直径是 100mm，$C=1:20$。米制圆锥优点是锥度不变，记忆方便。

4. 车削圆锥常用的四种方法

因圆锥既有尺寸精度要求，又有角度要求，因此，在车削中要同时保证尺寸和角度准确。一般先保证圆锥角度准确，然后精车控制其尺寸精度。车削外圆锥面的方法主要有转动小滑板法、偏移尾座法、仿形法和宽刃刀车削法四种。

（1）转动小滑板法　将小滑板转动一个圆锥半角，使车刀移动的方向和圆锥素线的方向平行，即可车出外圆锥，如图 5-5 所示。

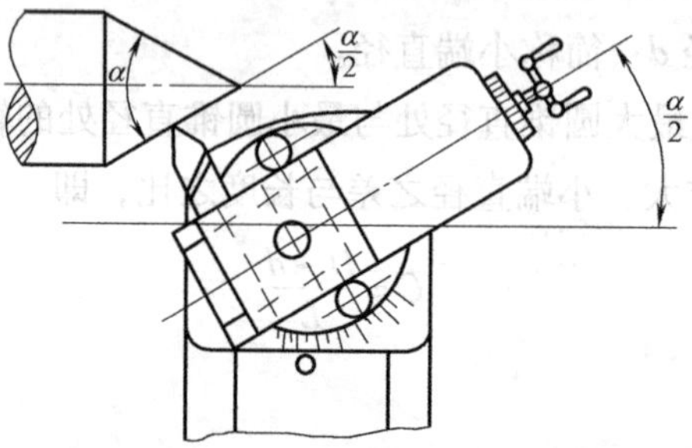

图 5-5　转动小滑板法车削圆锥

（2）偏移尾座法　车削锥度较小而圆锥长度较长的工件时，应选用偏移尾座法。车削时将工件装夹在两顶尖之间，把尾座横向偏移一段距离 S，使工件旋转轴线与车刀纵向进给方向相交成一个圆锥半角，如图 5-6 所示，即可车出外圆锥。采用偏移尾座法车削外圆锥时，尾座的偏移量不仅与圆锥长度有关，还和两顶尖之间的距离（工件长度）有关。

（3）仿形法　仿形法（靠模法）是刀具按仿形装置（靠模）进给车削外圆锥的方法，如图 5-7 所示。

（4）宽刃刀切削法　在车削较短的圆锥时，也可以用宽刃刀直接车出。宽

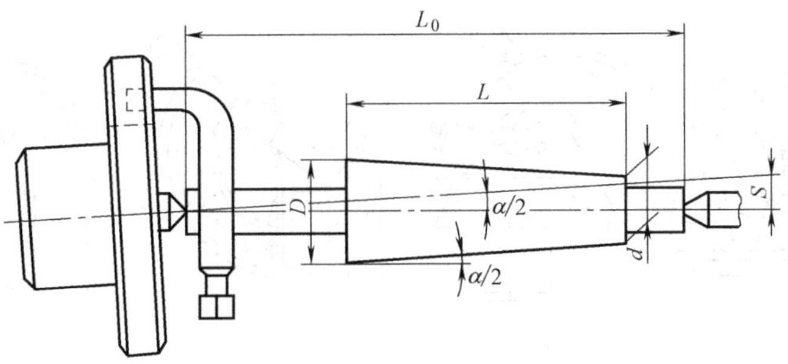

图 5-6 偏移尾座法车削圆锥

刃刀的切削刃必须平直，切削刃与主轴轴线的夹角应等于工件圆锥半角，如图 5-8 所示。

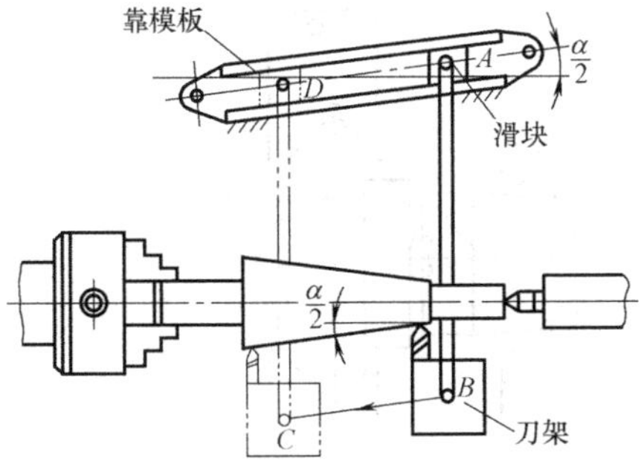

图 5-7 仿形法车削圆锥

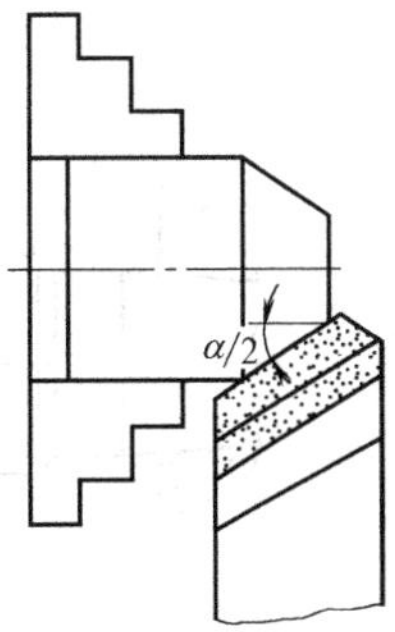

图 5-8 宽刃切削法车削圆锥

二、锥度的检测方法

圆锥的检测主要是指圆锥角度和尺寸精度的检测。常用游标万能角度尺、角度样板检测圆锥角度，采用正弦规或涂色法来评定圆锥精度。

1. 用游标万能角度尺检测

使用游标万能角度尺检测外圆锥的方法如图 5-9 所示。使用时要注意。

1）按工件所要求的角度，调整好游标万能角度尺的测量范围。

2）工件表面要清洁。

3）检测时，游标万能角度尺应通过工件的旋转中心，并且基尺应与工件测量基准面吻合。测量尺的透光检查方法：当圆锥小端接触到测量尺而未透光时，说明工件的角度小了；反之，当圆锥大端接触到测量尺而未透光时，说明工件的角度大了。

2. 用角度样板检测

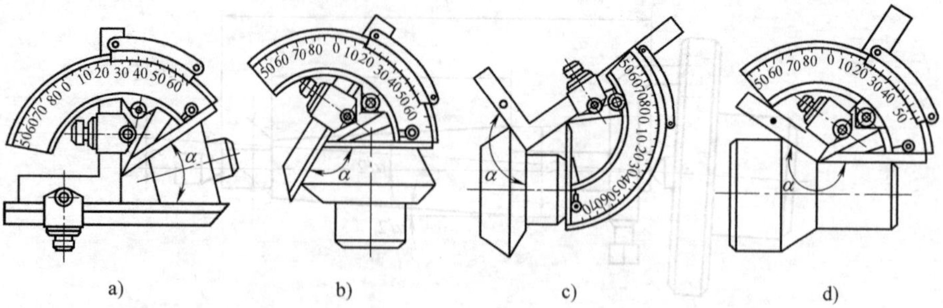

图 5-9 游标万能角度尺检测外圆锥的方法

a）0°～50°的工件 b）50°～140°的工件 c）140°～230°的工件 d）230°～320°的工件

在成批和大量生产时，可用专用的角度样板测量工件，如图 5-10 所示。

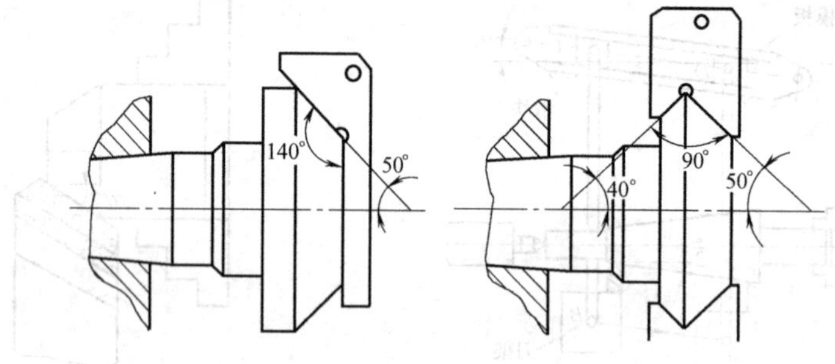

图 5-10 用角度样板检测外圆锥的方法

3. 用锥形量规检测

1）首先在工件的圆周上，顺着圆锥素线薄而均匀地涂上三条显示剂（显示剂为印油、红丹粉和润滑油等的调和物），如图 5-11 所示。

2）然后手握锥形量规轻轻地套在工件上，稍加轴向推力并将量规转动半周，如图 5-12 所示。

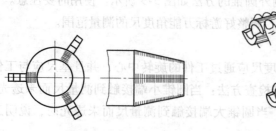

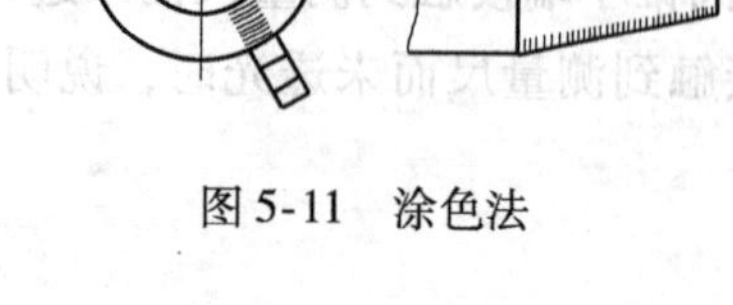

图 5-11 涂色法

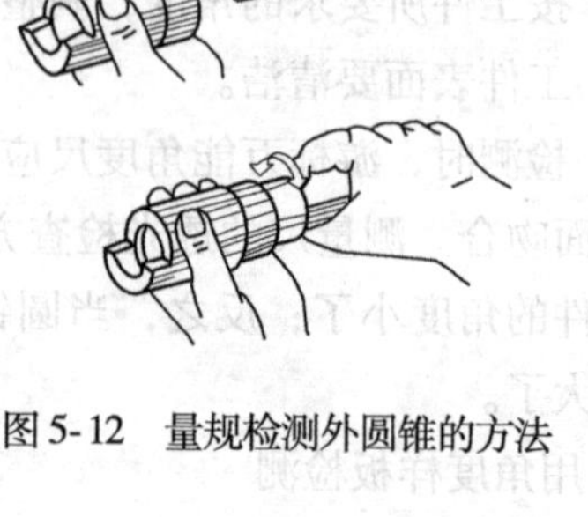

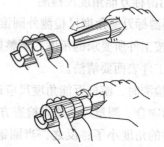

图 5-12 量规检测外圆锥的方法

3）最后取下锥形量规，观察工件表面显示剂被擦去的情况。如果接触部位显示剂涂抹得很均匀，说明锥面接触情况良好，锥度正确。假如小端擦着，大端未擦去，说明圆锥角大了；反之，就说明圆锥角小了。

4. 用正弦规检测　在平板上放一正弦规，工件放在正弦规的平面上，下面垫进量块，然后用百分表检查工件圆锥的两端高度，如百分表的读数值相同，则可记下正弦规下面的量块组高度的值，代入公式计算出圆锥角。将计算结果和工件所要求的圆锥角相比较，便可得出圆锥角的误差。也可先计算出量块组高度值，把正弦规一端垫高，再把工件放在正弦规平面上，用百分表测量工件圆锥的两端，如百分表读数相同，就说明锥度正确，如图 5-13 所示。

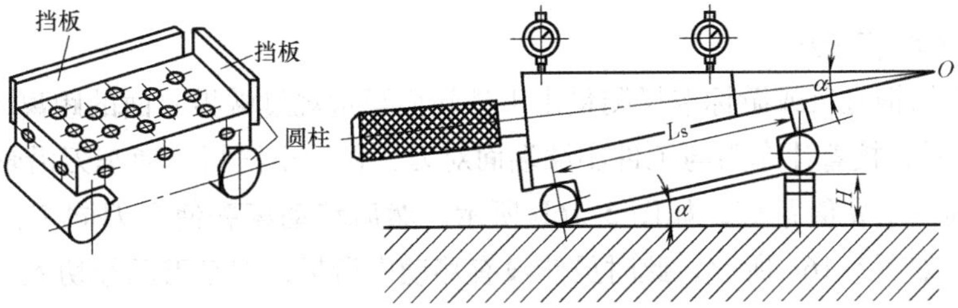

图 5-13　用正弦规检测外圆锥的方法

三、精车外圆锥时控制锥面尺寸的方法

1. 计算法

首先用钢直尺或游标卡尺测量出工件端面至量规通端界限面的距离 a，如图 5-14 所示，用计算法计算出背吃刀量 a_p

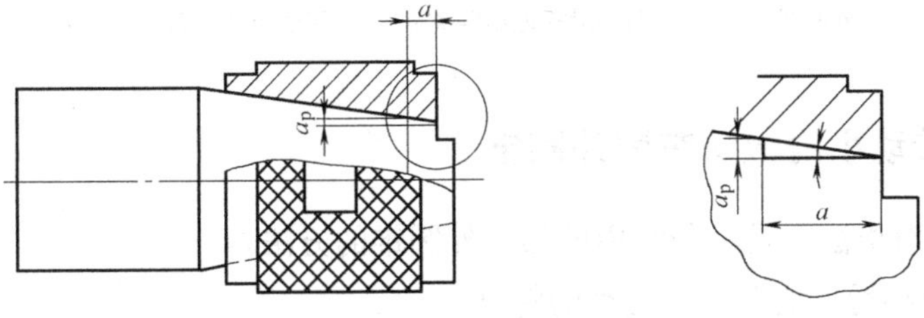

图 5-14　车削外圆锥控制尺寸的方法

$$a_p = a\tan\frac{\alpha}{2} \tag{5-2}$$

或

$$a_p = a\frac{C}{2} \tag{5-3}$$

然后移动中、小滑板，使刀尖轻触工件圆锥小端外圆表面后退出，中滑板按 a_p 值进给，小滑板手动进给，精车圆锥面至要求的尺寸，如图 5-15 所示。

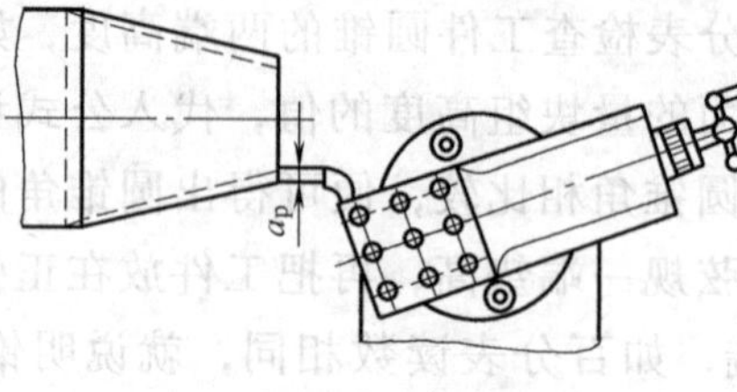

图 5-15　计算法车削圆锥

2. 移动床鞍法

首先用钢直尺或游标卡尺测量出工件端面至量规过端界限面的距离 a，如图 5-16a 所示，接着让车刀与工件小端端面对刀，移动小滑板，使车刀沿轴向离开工件端面一个 a 值距离，如图 5-16b 所示，然后移动床鞍使车刀同工件小端端面接触，如图 5-16c 所示，此时虽然没有移动中滑板，但车刀已经切入了一个所需的深度，最后移动小滑板进行精车圆锥面至尺寸。

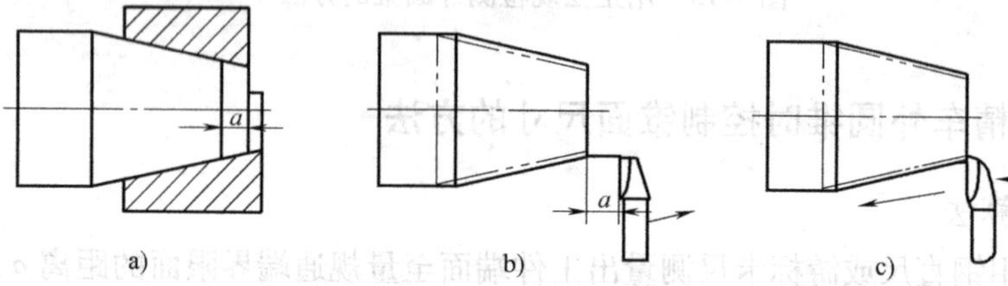

图 5-16　移动床鞍法控制锥体尺寸位

a）量出长度 a　b）移动小滑板退出距离 a　c）移动床鞍使刀尖与端面接触

四、转动小滑板法车削外圆锥

转动小滑板法，是一种常用的加工外圆锥的方法。

1. 转动小滑板法车削外圆锥的特点

1）因受小滑板行程限制，只能加工圆锥角度较大且锥面不长的工件。

2）应用范围广，操作简便。

3）同一工件上加工不同角度的圆锥时调整较方便。

4）只能手动进给，劳动强度大，表面粗糙度较难控制。

2. 转动小滑板法车削外圆锥的步骤

（1）装夹工件和车刀　车刀刀尖必须严格对准工件的旋转中心，否则车出的圆锥素线将不是直线，而是双曲线。

（2）确定小滑板转动角度　根据工件图样选择相应的公式或查表计算出圆锥半角 $\alpha/2$，$\alpha/2$ 即是小滑板应转过的角度。

（3）转动小滑板　用扳手将小滑板下面的转盘螺母松开，把转盘转动 $\alpha/2$，当刻度与基准零线对齐后，将转盘螺母锁紧。$\alpha/2$ 的值通常不是整数，其小数部分用目测估计，大致对准后再通过试车逐步找正。车削常用锥度和标准锥度时，小滑板的转动角度可参考表 5-1。

表 5-1　车削常用锥度和标准锥度时小滑板的转动角度

名称		锥度	小滑板转动角度	名称		圆锥角	小滑板转动角度
莫氏锥度	0	1:19.212	1°29′27″	标准锥度	1:200	0°17′11″	0°08′36″
	1	1:20.047	1°25′43″		1:100	0°34′23″	0°17′11″
	2	1:20.020	1°25′50″		1:50	1°08″45″	0°34′23″
	3	1:19.922	1°26′16″		1:30	1°54′35″	0°57′17″
	4	1:19.254	1°29′15″		1:20	2°51′51″	1°25′56″
	5	1:19.002	1°30′26″		1:15	3°49′06″	1°54′33″
	6	1:19.180	1°29′36″		1:12	4°46′19″	2°23′09″
标准锥度	30°	1:1.866	15°	标准锥度	1:10	5°43′29″	2°51′15″
	45°	1:1.207	22°30′		1:8	7°09′10″	3°34′35″
	60°	1:0.866	30°		1:7	8°10′16″	4°05′08″
	75°	1:0.625	37°30′		1:5	11°25′16″	5°42′38″
	90°	1:0.5	45°		1:3	18°55′29″	9°27′44″
	120°	1:0.289	60°		7:24	16°35′32′	8°17′46″

（4）粗车外圆锥　车削外圆锥与车削圆柱面一样，也要分粗车和精车。通常先按圆锥大端直径和圆锥长度车成圆柱体，然后再车圆锥。车削前应调整好小滑板导轨与镶条间的配合间隙。如调得过紧，手动进给时费力，移动不均匀；调得过松，则会造成小滑板间隙太大，两者均会使车出的圆锥表面粗糙度 *Ra* 值较大，工件素线不平直。此外，车削前还应根据工件的圆锥长度确定小滑板的行程。

粗车外圆锥面时，首先移动中、小滑板，使刀尖与外圆表面轻轻接触（约圆锥长度长的 1/2 处），记住中滑板的刻度。先退中滑板再退小滑板至外圆端面外；进中滑板至刻度，进小滑板后开始车削锥度（注意在此过程中大滑板不能移动）。车削时，双手交替转动小滑板手柄，手动进给速度要保持均匀和不间断，如图 5-17 所示。在车削过程中，吃刀量会逐渐减小，车至终端时，将中滑板退出，小滑板快速后退复位，再检测圆锥角度。

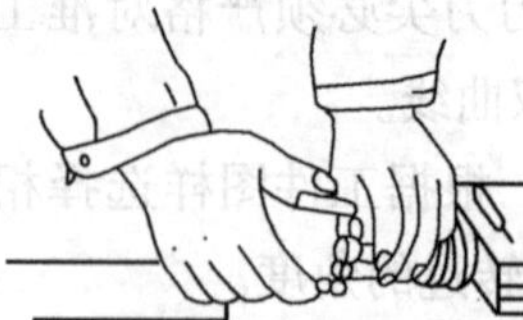

图5-17　双手交替转动小滑板车圆锥

（5）测量圆锥角度　测量角度时一般使用游标万能角度尺。测量结束后松开转盘螺母（须防止扳手碰撞转盘，引起角度变化），按角度调整方向，用铜棒轻轻敲动小滑板，使小滑板作微小转动，然后锁紧转盘螺母。角度调整好后，进中、小滑板试车外圆锥面，然后再测量，从而确定所需调整小滑板转动的角度，如此反复多次直至达到要求为止。粗车圆锥面，留0.5mm精车余量。

（6）精车外圆锥面　按精加工要求选择好切削用量。因锥度已经找正，精车外圆锥面主要是为了提高工件的表面质量，控制圆锥面的尺寸精度，所以精车外圆锥面时，车刀必须锋利、耐磨，同时转速也应适当提高。

五、车削外圆锥时的注意事项

1）车刀刀尖必须严格对准工件旋转中心，避免产生双曲线误差。

2）小滑板不宜过松或过紧。采用转动小滑板法车削圆锥时，转动的角度应稍大于圆锥半角，然后逐步找正。

3）用圆锥量规检查时，量规和工件表面均用绢绸擦干净；工件的表面粗糙度必须小于3.2μm，并应去除毛刺；涂色要薄而均匀，转动量应在半圈以内，不可来回旋转。

4）用游标万能角度尺检测角度时，两条测量边一定要通过工件的中心，减小测量误差。

5）转动小滑板车削圆锥时，双手要均匀转动小滑板；车刀切削刃要始终保持锋利，工件表面尽量一次车削出。

任务二　技能操作训练

1. 操作训练

外圆锥的车削如图5-18所示。

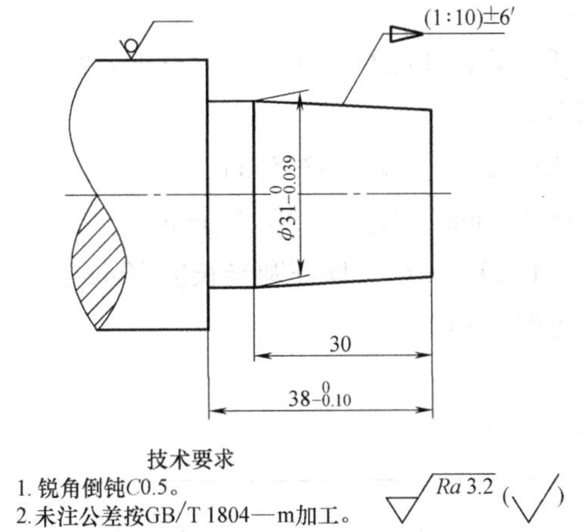

序号	任务名称	训练内容	材料	规格
练 5-1	外圆锥的车削	外圆锥的车削	45 钢	练 3-4 材料

图 5-18 外圆锥的车削训练

2. 工具、量具的准备（表 5-2）

表 5-2 车削外圆锥的工具、量具清单

类别	序号	名 称	规 格	分度值/mm	数量	备注
量具	1	外径千分尺	0～25mm	0. 01	1	
	2		25～50mm	0. 01	1	
	3	游标卡尺	0～150mm	0. 02	1	
	4	游标万能角度尺	0°～320°	2′	1	
刃具	1	90°外圆车刀	刀杆 25mm×25mm	—	1	
	2	45°端面车刀	刀杆 25mm×25mm	—	1	
工具	1	卡盘扳手	—	—	1	
	2	刀架扳手	—	—	1	
	3	加力杆	—	—	1	
	4	回转顶尖	莫氏圆锥 No. 5	—	1	
	5	铁屑钩子	—	—	1	
	6	油壶	—	—	1	
	7	刷子	—	—	1	
	8	活扳手	12″	—	1	
	9	螺钉旋具	一字、十字	—	各 1	
	10	垫刀片	—	—	若干	
材料	1	45 钢	练 3-4 材料	—	1	
设备	1	车床	CA6140	—	1	

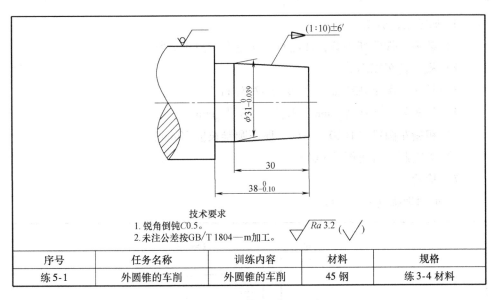

3. 加工工艺分析

1）装夹工件毛坯外圆，伸出 60mm 左右，找正夹紧。

2）粗、精车端面。

3）粗车外圆至 ϕ32mm，长度为 37.5mm。

4）精车外圆 $\phi31_{-0.039}^{0}$mm，长度为 $38_{-0.10}^{0}$mm。

5）粗精车圆锥（1∶10） ±6′，保证圆锥长度 30mm。

6）去毛刺，锐角倒钝 C0.5。

7）检验。

4. 巩固训练（图 5-19）

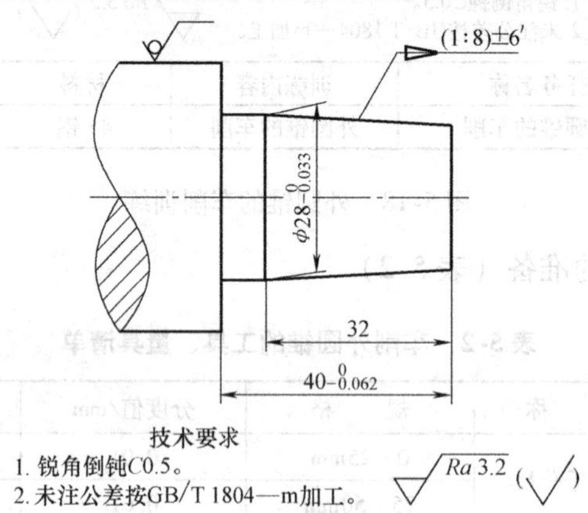

序号	任务名称	训练内容	材料	规格
练 5-2	外圆锥的车削	外圆锥的车削	45 钢	练 5-1 材料

图 5-19　车削外圆锥的巩固训练

5. 检测与评分

工件加工结束后对其进行检测，并对工件进行误差与质量分析，将结果填入表 5-3。

表 5-3　车削外圆锥的操作训练与巩固训练评分表　（单位：mm）

班级		姓名		学号		加工日期	
任务内容		外圆锥的车削		任务序号		练 5-1、练 5-2	
检测项目		检测内容	配分	评分标准	自测	教师检测	得分
1	外圆	$\phi31_{-0.039}^{0}$　Ra 3.2μm	10，3	超差 0.01 扣 3 分，降级无分			
	长度	$38_{-0.10}^{0}$	10	超差无分			

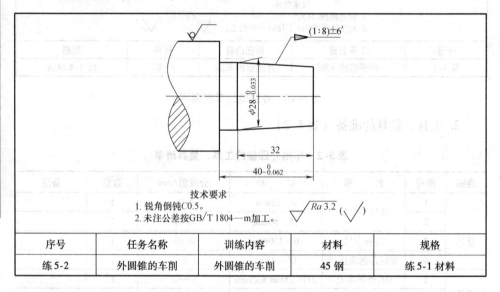

（续）

班级		姓名		学号		加工日期	
任务内容		外圆锥的车削		任务序号		练 5-1、练 5-2	
检测项目		检测内容	配分	评分标准	自测	教师检测	得分
1	长度	30	7	超差无分			
	锥度	1:10　Ra 3.2μm	10，3	超差 2′扣 3 分，降级无分			
	其他	锐角倒钝 C0.5	2	不符合无分			
		安全文明实习	5	违章视情况扣分			
2	外圆	$\phi28_{-0.033}^{0}$　Ra 3.2μm	10，3	超差 0.01 扣 3 分，降级无分			
	长度	$40_{-0.062}^{0}$	10	超差无分			
		32	7	超差无分			
	锥度	1:8　Ra 3.2μm	10，3	超差 2′扣 3 分，降级无分			
	其他	锐角倒钝 C0.5	2	不符合无分			
		安全文明实习	5	违章视情况扣分			
总配分			100	总得分			

任务三　技能拓展训练

1. 拓展训练（图 5-20）

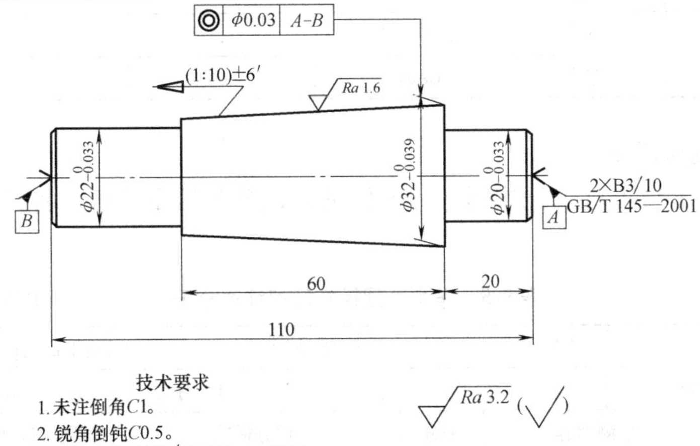

技术要求

1. 未注倒角C1。
2. 锐角倒钝C0.5。
3. 未注公差按GB/T 1804—m加工。

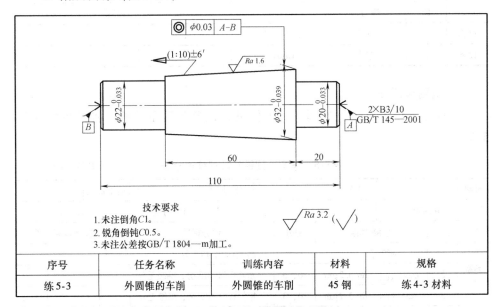

序号	任务名称	训练内容	材料	规格
练 5-3	外圆锥的车削	外圆锥的车削	45 钢	练 4-3 材料

图 5-20　车削外圆锥的拓展训练

2. 工具、量具的准备（表5-4）

表5-4　车削外圆锥拓展训练的工具、量具清单

类别	序号	名　称	规　格	分度值/mm	数量	备注
量具	1	外径千分尺	0～25mm	0.01	1	
	2		25～50mm	0.01	1	
	3	游标卡尺	0～150mm	0.02	1	
	4	游标万能角度尺	0°～320°	2′	1	
刃具	1	90°外圆车刀	刀杆25mm×25mm	—	1	
	2	45°端面车刀	刀杆25mm×25mm	—	1	
	3	中心钻	B3/10	—	1	
工具	1	卡盘扳手	—	—	1	
	2	刀架扳手	—	—	1	
	3	加力杆	—	—	1	
	4	回转顶尖	莫氏锥度 No.5	—	1	
	5	铁屑钩子	—	—	1	
	6	油壶	—	—	1	
	7	刷子	—	—	1	
	8	活扳手	12″	—	1	
	9	螺钉旋具	一字、十字	—	各1	
	10	垫刀片	—	—	若干	
材料	1	45钢	练4-3材料	—	1	
设备	1	车床	CA6140	—	1	

3. 检测与评分

工件加工结束后进行检测，对工件进行误差与质量分析，将结果填入表5-5。

表5-5　车削外圆锥拓展训练评分表　　（单位：mm）

班级		姓名		学号		加工日期	
任务内容		外圆锥的车削		任务序号		练5-3	
检测项目		检测内容	配分	评分标准	自测	教师检测	得分
外圆	1	$\phi32_{-0.039}^{0}$	10	超差0.01扣3分			
	2	$\phi22_{-0.033}^{0}$　Ra 3.2μm	10，3	超差0.01扣3分，降级无分			
	3	$\phi20_{-0.033}^{0}$　Ra 3.2μm	10，3	超差0.01扣3分，降级无分			

（续）

班级			姓名		学号		加工日期	
任务内容			外圆锥的车削		任务序号		练 5-3	
检测项目		检测内容	配分	评分标准		自测	教师检测	得分
锥度	4	1∶10　*Ra* 1.6μm	10，4	超差 2′扣 3 分，降级无分				
长度	5	110	8	超差无分				
	6	60	8	超差无分				
	7	20	8	超差无分				
几何公差	8	◎ ϕ0.03 *A-B*	8	超差无分				
其他	9	倒角 *C*1	4	不符合无分				
	10	锐角倒钝 *C*0.5	2	不符合无分				
	11	中心孔	2	不符合无分				
	12	安全文明实习	10	违章视情况扣分				
总配分			100	总得分				

思考与练习

1. 转动小滑板车削圆锥有什么优缺点？
2. 用游标万能角度尺测量圆锥时应注意哪些问题？
3. 试述转动小滑板法车削圆锥的过程。

项目六

车槽和切断

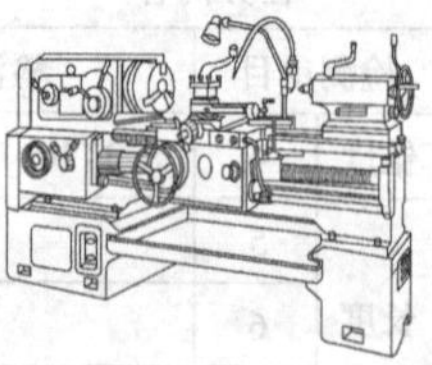

学习目标：

1. 了解槽的种类和作用。
2. 掌握切断刀与车槽刀的刃磨方法。
3. 掌握切断刀与车槽刀的测量方法。
4. 掌握切断刀与车槽刀的车削方法。

任务一　工艺知识讲解

在车削加工中，把棒料或工件切成两段（或数段）的加工方法叫作切断。切断工艺的关键是切断刀几何参数的选择及其刃磨，以及选择合理的切削用量。车削外圆及轴肩部分的沟槽，称为车外沟槽。

一、相关工艺知识

1. 槽的种类和作用

常见的外沟槽有外圆沟槽、45°外沟槽外圆端面沟槽和圆弧沟槽，如图6-1所示。外沟槽的作用一般是磨削时方便退刀，或使用砂轮磨削端面时保证肩部垂直；在车削螺纹时为了退刀方便，一般也在肩部车切有外沟槽。这些沟槽的另一个作用是使零件装配时的轴向位置准确。

2. 切断刀与车槽刀的几何角度

车槽刀与切断刀的几何形状相似，刃磨方法也基本相同，只是刀头部分的宽度和长度有些区别。

（1）高速工具钢切断刀与车槽刀（图6-2）。

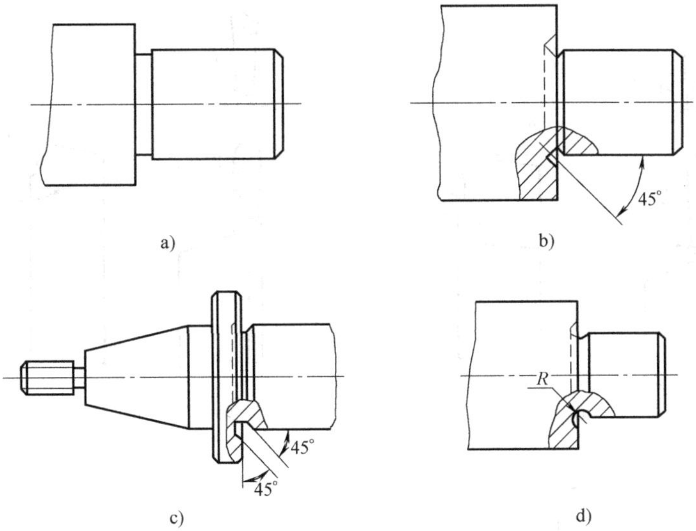

图 6-1 沟槽的种类

a）外圆沟槽 b）45°外沟槽 c）外圆端面沟槽 d）圆弧沟槽

1）主切削刃宽度 a。主切削刃太宽，车刀会因切削力太大而振动，并且浪费材料；太窄又会削弱刀头强度。可按下面的经验公式计算主切削刃宽度 a

$$a \approx (0.5 \sim 0.6)\sqrt{D} \tag{6-1}$$

式中 a——主切削刃宽度（mm）；

D——被切断工件的直径（mm）。

2）刀头长度 L。刀头太长容易引起振动，使刀头折断，可以按下面的经验公式选取：

切断实心材料时

$$L = 1/2D + (2 \sim 3)\ \text{mm} \tag{6-2}$$

切断空心材料时

$$L = \text{被切工件的壁厚} + (2 \sim 3)\ \text{mm} \tag{6-3}$$

车槽刀的长度

$$L = \text{槽深} + (2 \sim 3)\ \text{mm} \tag{6-4}$$

刀宽根据需要进行刃磨。

3）断屑槽。为使切削顺利进行，应磨出一个较浅的断屑槽，深度一般取 0.75 ~ 1mm。断屑槽磨得太深，其刀头强度差，容易折断；更不能把前面磨低或磨成台阶形，否则车刀切削不顺利，排屑困难，切削负荷大，容易折断。

（2）硬质合金切断刀 硬质合金切断刀是常用的高速切断刀，如图 6-3 所

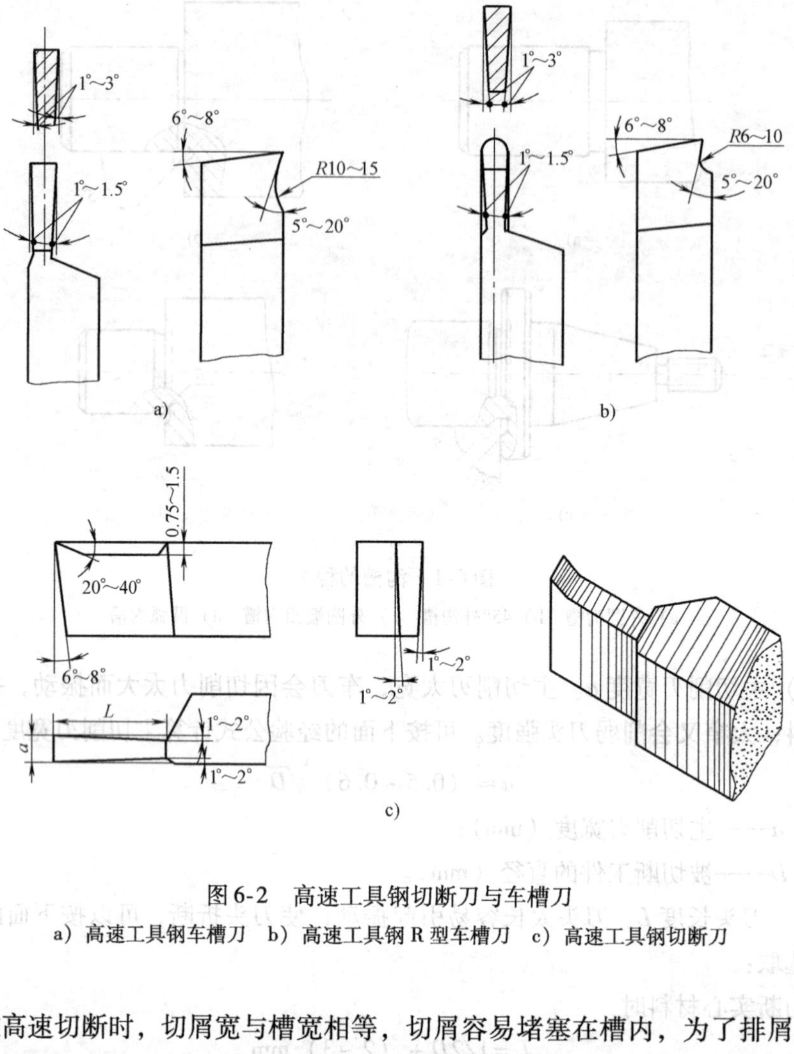

图 6-2 高速工具钢切断刀与车槽刀
a）高速工具钢车槽刀 b）高速工具钢 R 型车槽刀 c）高速工具钢切断刀

示。在高速切断时，切屑宽与槽宽相等，切屑容易堵塞在槽内，为了排屑顺利，可把主切削刃两边倒角磨成人字形；由于在高速切削时产生大量的热量，为防止刀片脱焊，在开始切断时应充分浇注切削液。为增强刀体的强度，常将切断刀刀体下部做成凸圆弧形。

3. 切断刀与车槽刀的装夹方法

1）为了增加切断刀与车槽刀的刚性，安装时车刀不宜伸出太长。

2）切断刀与车槽刀的主切削刃中心线必须与工件轴线垂直，确保两副后角对称。否则，切断面与车出的槽壁将不平直。

3）切断刀切断实心工件时，主切削刃必须与工件旋转中心等高，否则，将不能车到工件中心，而且容易崩刃，甚至折断车刀。

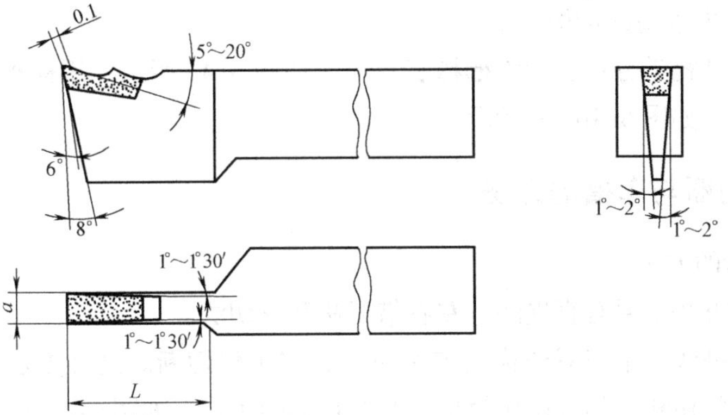

图 6-3　硬质合金切断刀

二、沟槽的测量方法

1. 精度要求低的沟槽

可用钢直尺测量其宽度，如图 6-4a 所示；也可用钢直尺和外卡钳相互配合的方法测量沟槽槽底直径，如图 6-4b 所示。

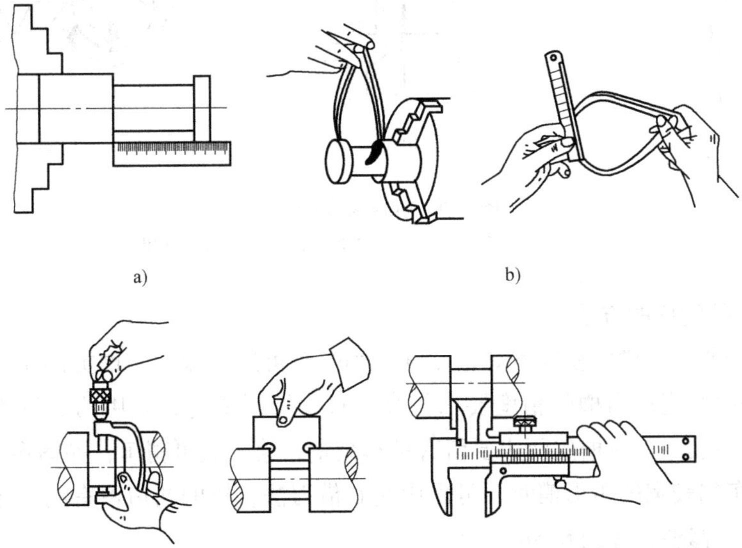

a)　b)　c)　d)　e)

图 6-4　外沟槽的测量方法

a）钢直尺测量　b）钢直尺配合卡钳测量

c）千分尺测量　d）样板测量　e）游标卡尺测量

2. 精度要求高的沟槽

通常用外径千分尺测量沟槽槽底直径，如图 6-4c 所示；用样板或游标卡尺测量其宽度，如图 6-4d、e 所示。

三、切断与车槽的方法

1. 切断的方法

切断的方法主要有直进法、左右借刀法和反切法。

(1) 直进法　车刀只作横向连续进给，将工件切断。这种方法常用于直径较小的工件的切断，具有操作简单，节约材料的优点，如图 6-5a 所示。

(2) 左右借刀法　车刀作横向和纵向相互交替进给。这种方法适用于刀头较短且工件直径较大的工件的切断，如图 6-5b 所示。

(3) 反切法　主轴反转，车刀反装。这样切断时较平稳，排屑顺利，如图 6-5c 所示。

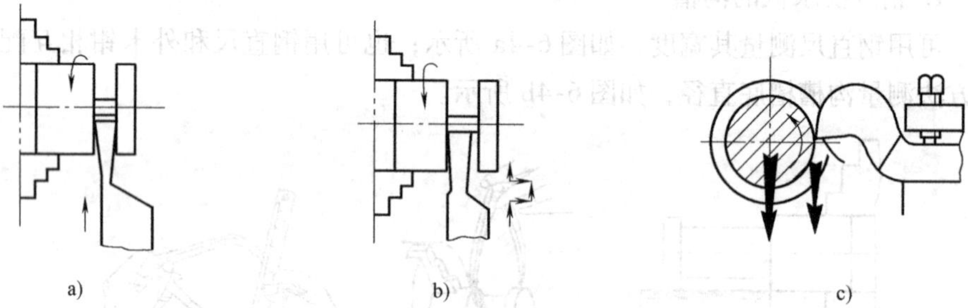

图 6-5　外圆切断的方法

a) 直进法切断　b) 左右借刀法切断　c) 反切法切断

2. 车外沟槽的方法

1) 当所加工槽的精度不高，宽度较小时，可用刀宽等于槽宽的车刀，采用直进法一次车完；当槽的精度要求较高，且为矩形槽时，采用两次进给的方法车成，第一次车削时槽的两边要留有精车余量，第二次再精车，如图 6-6a 所示。

2) 车削较宽的矩形槽时，可采用左右借刀法，槽的两边留有精车余量，然后进行精车修整，如图 6-6b 所示。

3) 车梯形槽，当槽宽较小时，一般用成形车刀一次车削到位；当槽较宽时，先在槽的中间位置车出一个矩形槽，然后用梯形车刀采用直进法或左右借刀法完成切削，如图 6-6c 所示。

4) 车圆弧形槽，当槽较窄时，一般用成形车刀一次车削成形；当槽较宽时，可用双手联动车削，然后用样板检查并修整成形。

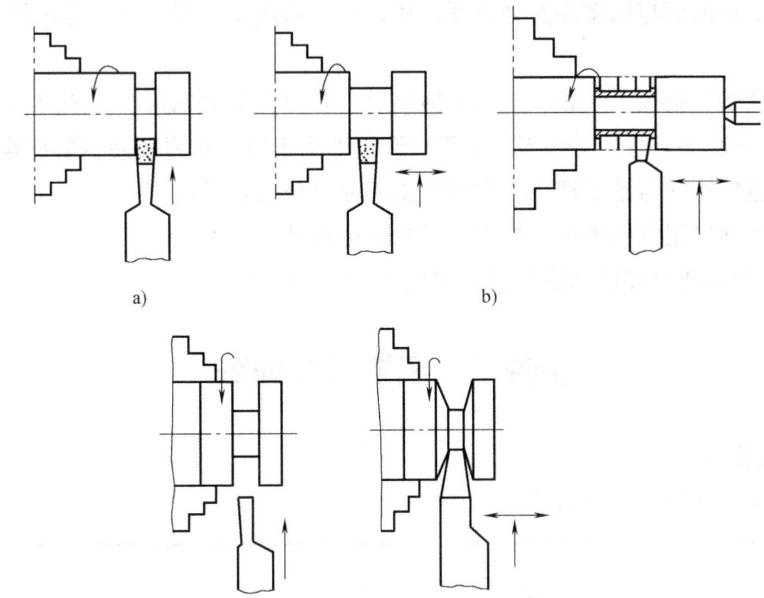

a) b)

c)

图6-6 外沟槽的车削方法

a）直进法车槽 b）左右借刀法车槽 c）梯形槽的车削

四、车槽和切断时的注意事项

1）切断时，如发现切断表面不平或有明显扎刀痕迹，应检查切断刀的刃磨和装夹是否正确，纠正后再继续车削，操作不当容易造成切断刀刀头折断。

2）切断时应匀速地进给，当发现车刀产生切不进现象时，应立即退刀，检查车刀刀尖是否磨损，是否对准工件中心，强制进给易使车刀折断。

3）两顶尖或一夹一顶装夹时，都不可将工件全部切断，否则会使车刀折断，工件飞出伤人。

4）切断工件时减小振动的措施：

① 床鞍、中滑板、小滑板导轨的间隙和机床主轴轴承间隙尽可能调整得小些。

② 适当地加大前角和减小后角，使排屑顺利，增强刀头刚性。

③ 适当加快进给速度或降低主轴转速。

5）装刀时，车槽刀主切削刃和轴线不平行，将导致车成的沟槽槽底一侧直径大，另一侧直径小，呈竹节形。

6）防止槽底与槽壁相交处出现圆角，以及槽底中间尺寸小，靠近槽壁两侧直径大。

7）槽壁与轴线不垂直，出现槽内狭窄、外口大的喇叭形，造成这种情况的主要原因是切削刃磨钝后让刀，车刀刃磨角度不正确，车刀装夹不垂直等。

8）造成槽壁与槽底产生小台阶的主要原因是接刀不当。

9）正确使用游标卡尺、样板、塞规测量沟槽。

10）合理选择转速和进给量，并正确使用切削液。

任务二 技能操作训练

1. 操作训练

外沟槽的车削如图 6-7 所示。

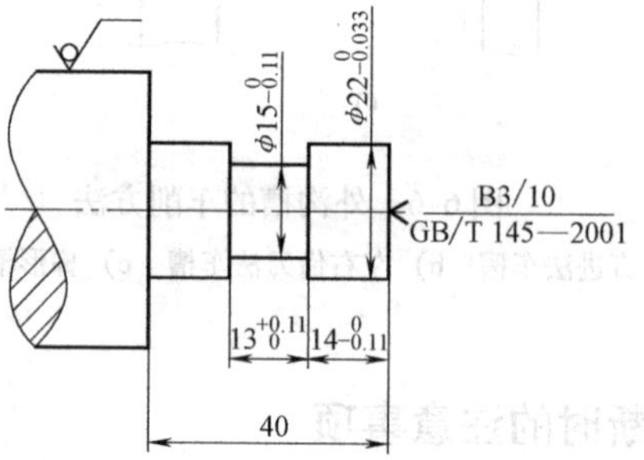

技术要求

1. 锐角倒钝C0.5。
2. 未注公差按GB/T 1804—m加工。 Ra 3.2 (√)

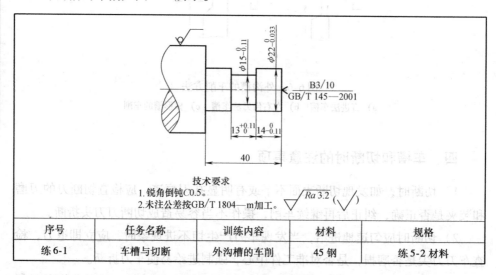

序号	任务名称	训练内容	材料	规格
练 6-1	车槽与切断	外沟槽的车削	45 钢	练 5-2 材料

图 6-7 外沟槽的车削训练

2. 工量具准备（表 6-1）

表 6-1 车削外沟槽的工量具清单

类别	序号	名　称	规　格	分度值（mm）	数量	备　注
量具	1	外径千分尺	0 ~ 25mm	0.01	1	
	2		25 ~ 50mm	0.01	1	
	3	游标卡尺	0 ~ 150mm	0.02	1	

（续）

类别	序号	名　称	规　格	分度值（mm）	数量	备　注
刃具	1	90°外圆车刀	刀杆 25mm×25mm	—	1	
	2	45°端面车刀	刀杆 25mm×25mm	—	1	
	3	切槽刀	刀宽 4～5mm，$L>30$mm	—	1	
	4	中心钻	B3/10	—	1	
工具	1	卡盘扳手	—	—	1	
	2	刀架扳手	—	—	1	
	3	加力杆	—	—	1	
	4	回转顶尖	莫氏锥度 No. 5	—	1	
	5	钻夹头	莫氏锥度 No. 5，1～13mm	—	1	
	6	铁屑钩子	—	—	1	
	7	油壶	—	—	1	
	8	刷子	—	—	1	
	9	螺钉旋具	一字，十字	—	各 1	
	10	垫刀片	—	—	若干	
材料	1	45 钢	练 5-2 材料	—	1	
设备	1	车床	CA6140	—	1	

3. 加工工艺分析

1）装夹工件毛坯外圆，伸出 60mm 左右，找正夹紧。

2）粗、精车端面，钻中心孔。

3）一夹一顶装夹，粗车外圆至 ϕ23mm，长度为 39. 5mm。

4）精车外圆 $\phi22_{-0.033}^{0}$mm，长度为 40mm。

5）粗、精车槽宽 $13_{0}^{+0.11}$mm，槽底 $\phi15_{-0.11}^{0}$mm，长度 $14_{-0.11}^{0}$mm。

6）锐角倒钝 $C0.5$。

7）检验。

4. 巩固训练（图 6-8）

5. 检测与评分

工件加工结束后对其进行检测，并对工件进行误差与质量分析，将结果填入表 6-2。

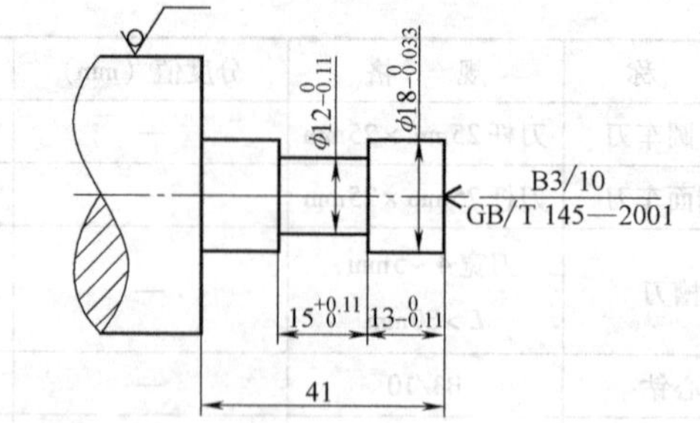

技术要求

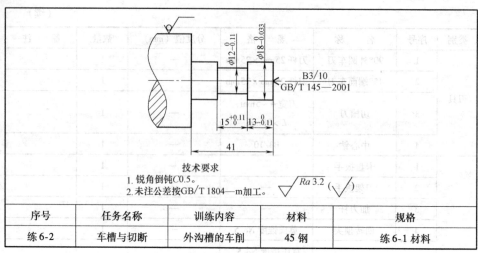

1. 锐角倒钝C0.5。
2. 未注公差按GB/T 1804—m加工。

$\sqrt{Ra\ 3.2}$ ($\sqrt{}$)

序号	任务名称	训练内容	材料	规格
练6-2	车槽与切断	外沟槽的车削	45钢	练6-1材料

图6-8 车削外沟槽的巩固训练

表6-2 外沟槽的车削训练与巩固训练评分表 （单位：mm）

班级		姓名		学号		加工日期	
任务内容		外沟槽的车削			任务序号	练6-1、练6-2	
检测项目		检测内容	配分	评分标准	自测	教师检测	得分
1	外圆	$\phi22_{-0.033}^{\ 0}$ *Ra* 3.2μm	8，2	超差0.01扣3分，降级无分			
		$\phi15_{-0.11}^{\ 0}$ *Ra* 3.2μm	8，2	超差0.01扣3分，降级无分			
	长度	40	6	超差无分			
		$14_{-0.11}^{\ 0}$	7	超差无分			
	槽	$13_{\ 0}^{+0.11}$两侧 *Ra* 3.2μm	7，2	超差无分，降级无分			
	其他	中心孔B3/10	1	不符合无分			
		锐角倒钝 *C*0.5	2	不符合无分			
		安全文明实习	5	违章视情况扣分			
2	外圆	$\phi18_{-0.033}^{\ 0}$ *Ra* 3.2μm	8，2	超差0.01扣3分，降级无分			
		$\phi12_{-0.11}^{\ 0}$ *Ra* 3.2μm	8，2	超差0.01扣3分，降级无分			
	长度	41	6	超差无分			
		$13_{-0.11}^{\ 0}$	7	超差无分			
	槽	$15_{\ 0}^{+0.11}$两侧 *Ra* 3.2μm	7，2	超差无分，降级无分			
	其他	中心孔B3/10	1	不符合无分			
		锐角倒钝 *C*0.5	2	不符合无分			
		安全文明实习	5	违章视情况扣分			
总配分			100	总得分			

任务三　技能拓展训练

1. 拓展训练

（1）工件的切断（图6-9）

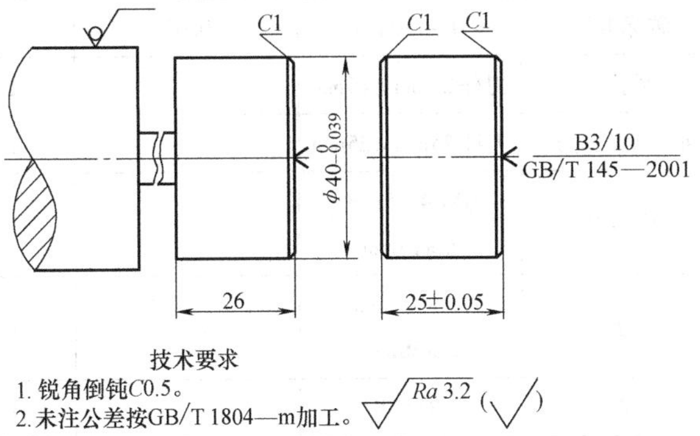

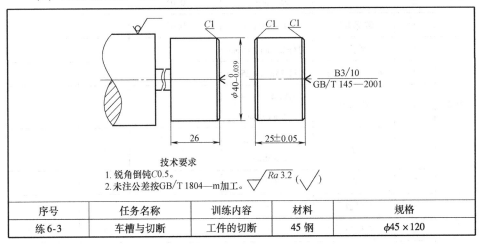

序号	任务名称	训练内容	材料	规格
练6-3	车槽与切断	工件的切断	45钢	$\phi45\times120$

图6-9　工件切断的拓展训练

（2）外沟槽的车削（图6-10）

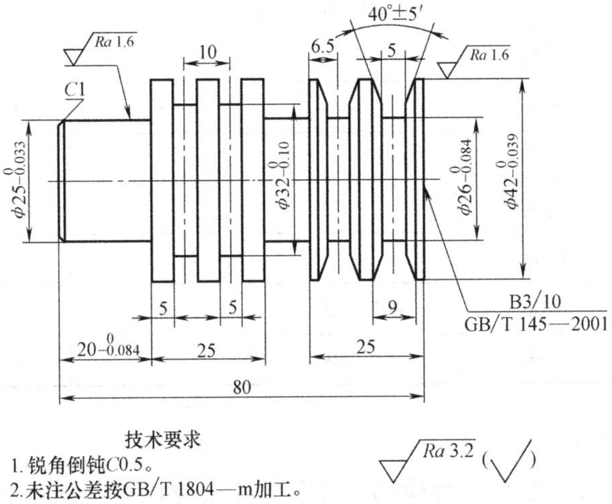

序号	任务名称	训练内容	材料	规格
练6-4	车槽与切断	外沟槽的车削	45钢	练6-3材料

图6-10　车削外沟槽的拓展训练

2. 工具、量具的准备（表6-3）

表6-3 车槽与切断拓展训练的工具、量具清单

类别	序号	名称	规格	分度值（mm）	数量	备注
量具	1	外径千分尺	0~25mm	0.01	1	
	2		25~50mm	0.01	1	
	3	游标卡尺	0~150mm	0.02	1	
刃具	1	90°外圆车刀	刀杆25mm×25mm	—	1	
	2	45°端面车刀	刀杆25mm×25mm	—	1	
	3	切槽刀	刀宽4~5mm，$L>15$mm	—	1	
	4	切断刀	刀宽4~5mm，$L>30$mm	—	1	
	5	中心钻	B3/10	—	1	
工具	1	卡盘扳手	—	—	1	
	2	刀架扳手	—	—	1	
	3	加力杆	—	—	1	
	4	回转顶尖	莫氏锥度No.5	—	1	
	5	钻夹头	莫氏锥度No.5，1~13mm	—	1	
	6	铁屑钩子	—	—	1	
	7	油壶	—	—	1	
	8	刷子	—	—	1	
	9	螺钉旋具	一字，十字	—	各1	
	10	垫刀片	—	—	若干	
材料	1	45钢	$\phi45\times120$	—	1	
设备	1	车床	CA6140	—	1	

3. 检测与评分

工件加工结束后对其进行检测，并对工件进行误差与质量分析，将结果填入表6-4。

表 6-4 车槽与切断拓展训练的评分表 （单位：mm）

班级		姓名		学号		加工日期	
任务内容		车槽与切断		任务序号		练 6-3、练 6-4	
检测项目		检测内容	配分	评分标准	自测	教师检测	得分
切断	外圆	$\phi40_{-0.039}^{0}$ $Ra\ 3.2\mu m$	6，2	超差 0.01 扣 3 分，降级无分			
	长度	25 ±0.05	4	超差无分			
	其他	中心孔 B3/10	1	不符合无分			
		倒角 *C*1	2	不符合无分			
车槽	外圆	$\phi42_{-0.039}^{0}$ $Ra\ 1.6\mu m$	6，2	超差 0.01 扣 3 分，降级无分			
		$\phi32_{-0.10}^{0}$ 两处 $Ra\ 3.2\mu m$	10，2	超差 0.01 扣 3 分，降级无分			
		$\phi26_{-0.084}^{0}$ 3 处 $Ra\ 3.2\mu m$	15，3	超差 0.01 扣 3 分，降级无分			
		$\phi25_{-0.033}^{0}$ $Ra\ 1.6\mu m$	6，2	超差 0.01 扣 3 分			
	长度	80	4	超差无分			
		$20_{-0.084}^{0}$	3	超差无分			
	槽	25，5，5，10	8	超差无分			
		25，9，6.5，5	8	超差无分			
	其他	40° ±5′	5	超差无分			
		中心孔 B3/10	1	不符合无分			
		倒角 *C*1	2	不符合无分			
		锐角倒钝 *C*0.5	3	不符合无分			
		安全文明实习	5	违章视情况扣分			
总配分			100	总得分			

思考与练习

1. 槽有哪些种类？各有什么作用？
2. 槽有哪些测量方法？
3. 切断与车槽的方法有哪些？

项目七

孔的车削

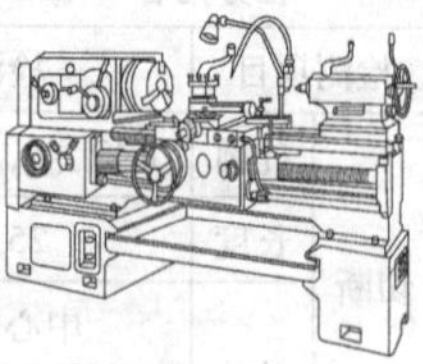

学习目标：

1. 了解内孔车刀的种类。
2. 学会内孔车刀的刃磨方法。
3. 掌握孔的测量方法。
4. 掌握孔的车削方法。

任务一　工艺知识讲解

对于铸造成形的孔、锻造成形的孔或用钻头钻出的孔，为达到所要求的尺寸精度、位置精度和表面粗糙度，可采用车孔的方法。车孔是车削加工的主要内容之一，也可以作为半精加工和精加工工序。车削后孔的精度一般可达 IT7 ~ IT8，表面粗糙度可达 Ra 1.6 ~ 3.2μm，精车可达 Ra 0.8μm

一、相关工艺知识

1. 内孔车刀的种类

根据不同的加工情况，内孔车刀可分为通孔车刀和不通孔车刀两种，如图 7-1a、b 所示。

（1）通孔车刀　通孔车刀切削部分的几何形状与外圆车刀相似，如图 7-1a 所示。为了减小背向力，防止车孔时车刀振动，主偏角 κ_r 应取得大些，一般在 60° ~ 75°之间，副偏角 κ_r' 一般为 15° ~ 30°。为了防止内孔车刀的后面和孔壁出现摩擦，且后角不至于磨得太大，一般磨出两个后角 α_{o1} 和 α_{o2}，其中 α_{o1} 取 6° ~ 12°，α_{o2} 取 30°左右，如图 7-1c 所示。

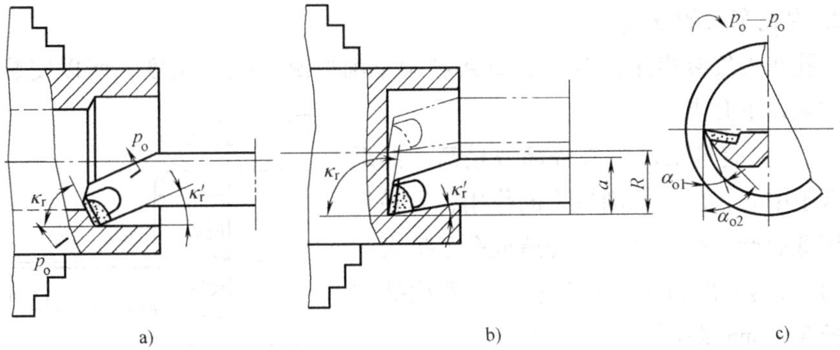

图 7-1 内孔车刀

a）通孔车刀 b）不通孔车刀 c）两个后角

（2）不通孔车刀 不通孔车刀用来车削不通孔或台阶孔，其切削部分的几何形状与偏刀相似，它的主偏角大于 90°，一般为 92°～95°，如图 7-1b 所示；后角的要求和通孔车刀相同。不同之处是，不通孔车刀夹在刀柄的最前端，刀尖到刀柄外端的距离小于孔半径 R，否则无法车削平整孔的底面。

内孔车刀可做成整体式，如图 7-2a 所示。为节省刀具材料和增加刀柄强度，也可把高速工具钢或硬质合金做成较小的刀头，安装在由碳钢或合金钢制成的刀柄前端的方孔中，并用螺钉固定，如图 7-2b、c 所示。

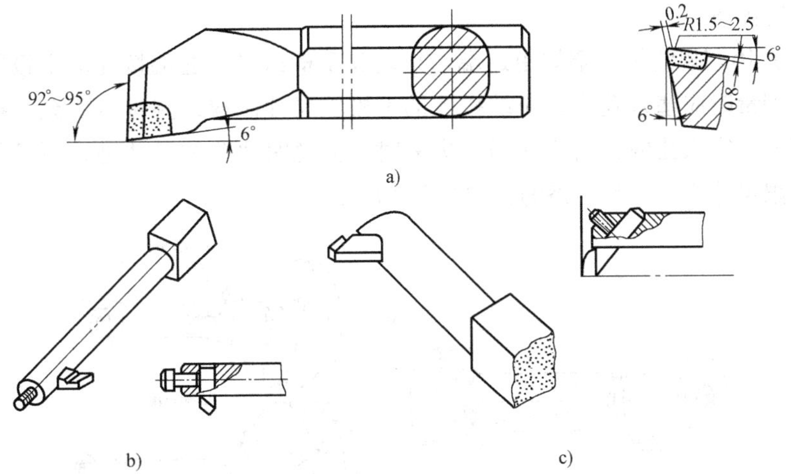

图 7-2 内孔车刀的结构

a）整体式 b）通孔车刀 c）不通孔车刀

2. 内孔车刀的安装

内孔车刀安装得正确与否，直接影响车削情况及孔的精度，所以安装时一定要注意以下几点：

1）刀尖应与工件中心等高或稍高。如果刀尖低于中心，由于切削抗力的作用，容易将刀柄压低而产生扎刀现象，并造成孔径扩大。

2）刀柄伸出刀架不宜过长，一般比被加工孔长5~6mm即可。

3）刀柄应基本平行于工件轴线，否则在车削到一定深度时，刀柄后半部容易碰到工件孔口。

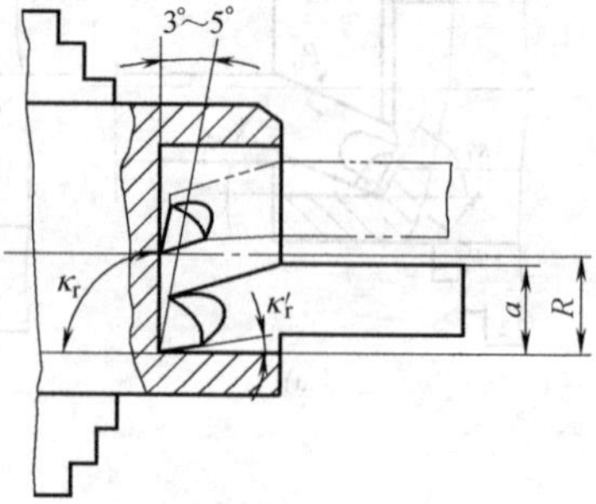

图7-3　不通孔车刀的安装

4）装夹不通孔车刀时，内偏刀的主切削刃应与孔底平面成3°~5°角，并且在车平面时要求横向有足够的退刀余地，如图7-3所示。

二、孔径尺寸的检测

测量孔径尺寸，当孔径精度要求较低时，可以用钢直尺、游标卡尺等进行测量；当孔径精度要求较高时，通常用塞规、内径千分尺或内径百分表结合千分尺进行测量。

（1）用塞规测量　塞规由通端、止端和手柄组成。通端按孔的下极限尺寸制成，测量时应塞入孔内；止端按孔的上极限尺寸制成，测量时不允许插入孔内。当通端塞入孔内，而止端插不进去时，就说明此孔的尺寸是在下极限尺寸与上极限尺寸之间，是合格的，如图7-4所示。

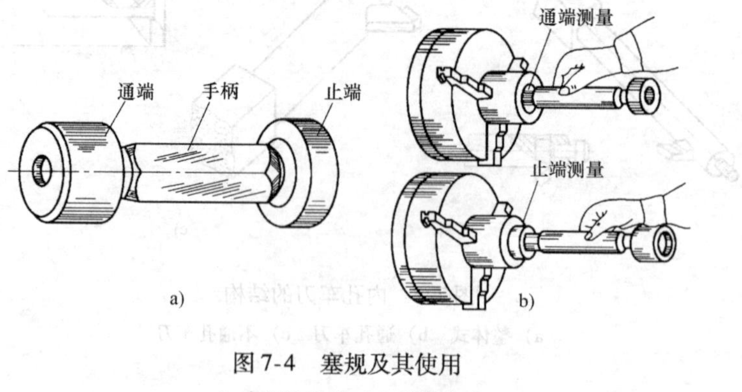

图7-4　塞规及其使用

a）塞规的构成　b）测量方法

(2) 用内径千分尺测量　内径千分尺及其使用方法如图 7-5 所示。这种千分尺的刻线方向与外径千分尺相反，当微分筒顺时针旋转时，活动量爪向左移动，量值增大。

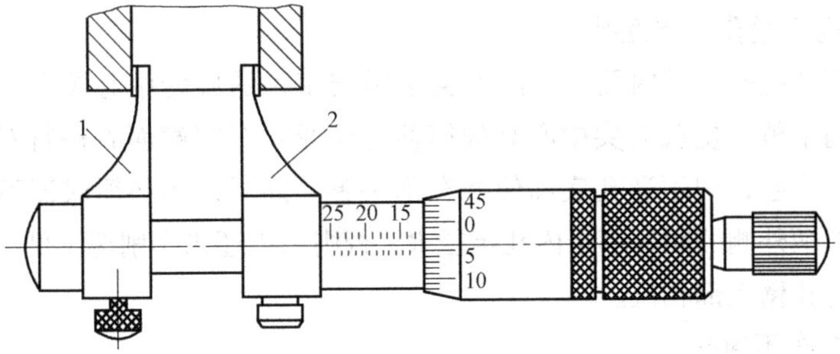

图 7-5　内径千分尺及其使用
1、2—活动量爪

(3) 用内径百分表测量　内径百分表是用对比法测量孔径，因此使用时应先根据被测量工件的内孔直径，用外径千分尺将内径百分表对准零位后，方可进行测量，其测量方法如图 7-6 所示。测量时取最小值为孔径的实际尺寸。

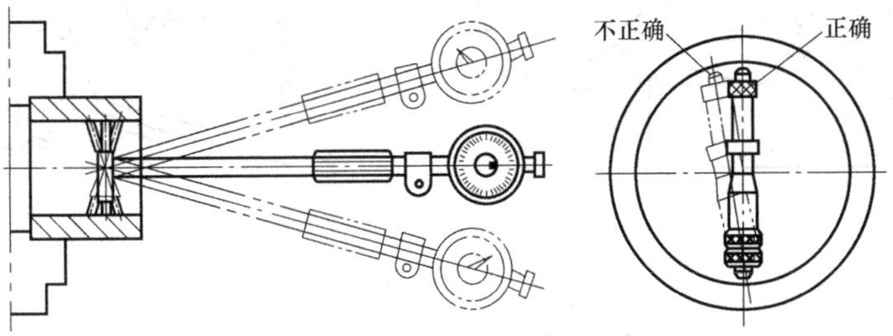

图 7-6　内径百分表的测量方法

三、孔的车削方法

孔的形状不同，车削方法也不同。

1. 车削直通孔

直通孔的车削方法基本上与车削外圆相同，只是进刀和退刀的方向相反。在粗车或精车时也要进行试切削，横向进给量为径向余量的 1/2。当车刀纵向切削至2mm左右时，纵向快速退刀（横向不动），然后停车测试，若孔的尺寸不符合，则须微量横向进刀切削后再次测试，直至符合要求，方可车削出整个内孔表面。车削孔时的切削用量要比车削外圆时适当减小些，特别是车削小孔或深孔时，其切削用量应更小。

2. 车削不通孔（平底孔）

车削不通孔时，其内孔车刀的刀尖必须与工件的旋转中心等高，否则不能将孔底车削平整。检验刀尖中心高的简便方法是：车削端面时进行对刀，若端面能车削至中心，则不通孔底面便能车削平整。同时，还必须保证不通孔车刀的刀尖至刀柄外侧的距离小于内孔半径 R，否则刀尖还未车削至工件中心，刀柄外侧就已与孔壁上部相碰。

（1）粗车不通孔。

1）车削端面，钻中心孔。

2）钻孔。可选择比孔径小1.5~2mm的钻头先钻出底孔。从钻头顶尖量起，并在钻头上刻线做记号，以控制钻孔深度，如图7-7所示。然后用相同直径的平头钻将孔底扩成平底，孔底平面留0.5~1mm的余量。

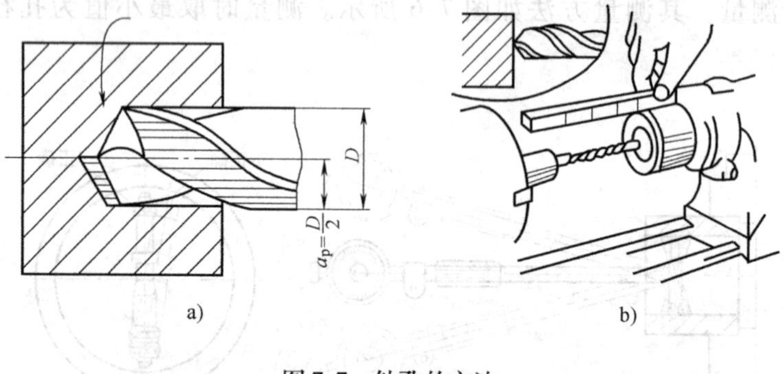

图7-7　钻孔的方法

a）钻头直径的选择　b）刻线保证孔深

3）不通孔车刀靠近工件端面，移动小滑板，使车刀刀尖与端面轻微接触，将小滑板和大滑板的刻度调至零位。

4）将车刀伸入孔内，移动中滑板，刀尖进给至与孔口刚好接触时，车刀纵向退出，此时将中滑板刻度调至零位。

5）用中滑板的刻度指示控制吃刀量（孔径留0.3~0.4mm精车余量），采用机动纵向进给车削平底孔时，要防止车刀与孔底面碰撞。因此，当大滑板的刻度指示离孔底面还有2~3mm距离时，应立即停止机动进给，改用手动进给。如孔大而浅，一般车孔底面时能用肉眼观察；若孔小而深，就很难观察到是否已车到孔底，此时通常要凭经验来判断刀尖是否已车到孔底。若切削声音增大，表明刀尖已车到孔底；当中滑板横向进给车削孔底平面时，若切削声音消失，控制横向进给手柄的手已明显感觉到切削抗力突然减小，则表明孔底平面已车出，应先将车刀横向退刀后再迅速纵向退出。

6）如果孔底面余量较多需车削第二刀时，纵向位置保持不变，向后移动中滑板，使刀尖退回至车削时的起始位置，然后用小滑板的刻度控制背吃刀量，第二刀的车削方法与第一刀相同。精车孔底面时，孔深留 0.2 ~0.3mm 的精车余量。

（2）精车不通孔　精车时用试切削的方法控制孔径尺寸。若试切正确，则可采用与精车类似的进给方法，使孔径、孔深都达到图样要求。

3. 车削台阶孔

车削直径较小的台阶孔时，由于观察困难而尺寸精度不宜掌控，所以常采用粗、精车小孔，再粗、精车大孔的方法。

车削大的台阶孔时，在便于测量小孔尺寸而视线又不受影响的前提下，一般先粗车大孔和小孔，再精车小孔和大孔。

车削孔径尺寸相差较大的台阶孔时，最好采用主偏角 $\kappa_r < 90°$（一般为 85° ~88°）的车刀先粗车，然后用车孔刀精车；直接用车孔刀车削时的吃刀量不可太大，否则切削刃易损坏。其原因是刀尖处于切削刃的最前端，切削时刀尖先切入工件，因此其承受的背向力最大，加上刀尖本身强度低，所以容易碎裂；由于刀柄伸长，在进给力的作用下，吃刀量大容易产生振动和扎刀。

4. 孔深的控制

控制车孔深度的方法通常是：粗车时在刀柄上刻线痕做记号，如图 7-8a 所示；或安装限位铜片，如图 7-8b 所示；以及用大滑板刻线的方法来控制等。精车时需用小滑板刻度盘或深度卡尺等来控制孔的深度。

四、车削孔时的注意事项

1）车孔的关键技术是解决车孔刀的刚性和排屑问题，增加车孔刀的刚性主要采取以下几项措施：

① 增大刀柄的截面积。一般的车孔刀有一个缺点，刀柄的截面积小于孔截面积的 1/4。如果让车孔刀的刀尖位于刀柄的中心平面上，则刀柄的截面积就可

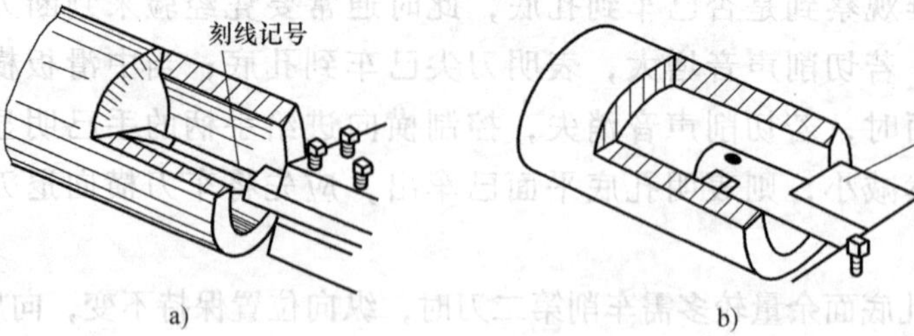

图 7-8　控制孔的深度的方法
a）刻线痕法　b）铜片挡铁法

达到最大值。

② 刀柄的伸出长度尽可能短。如刀柄伸出太长，就会降低刀柄刚性，容易引起振动。因此，刀柄伸出长度只要略大于孔深即可，为此，要求刀柄的伸出长度能根据孔深加以调整。

③ 控制切屑流出方向。精车通孔时，要求切屑流向待加工表面（前排屑）；车削不通孔时，要求切屑从孔口排出（后排屑）。

2）使用塞规时，应尽可能使塞规与被测工件的温度一致；测量时塞规不可强行通过，应靠自身重力自由通过；同时，塞规的轴线应与孔的轴线一致，不可歪斜；在孔内取出塞规时，应防止塞规与内孔车刀发生碰撞。

3）用内径百分表测量内孔时，应检查整个测量机构是否正常，如固定测头有无松动，百分表转动是否灵活，指针转动后能否回零等。

4）车削孔时，车刀应与工件的回转中心等高，精车时应保持车刀切削刃的锋利，防止产生让刀而出现喇叭口。孔壁与内平面相交处要清角，并防止出现凹坑与台阶。

任务二　技能操作训练

1. 操作训练

孔车削的尺寸要求如图 7-9 所示。

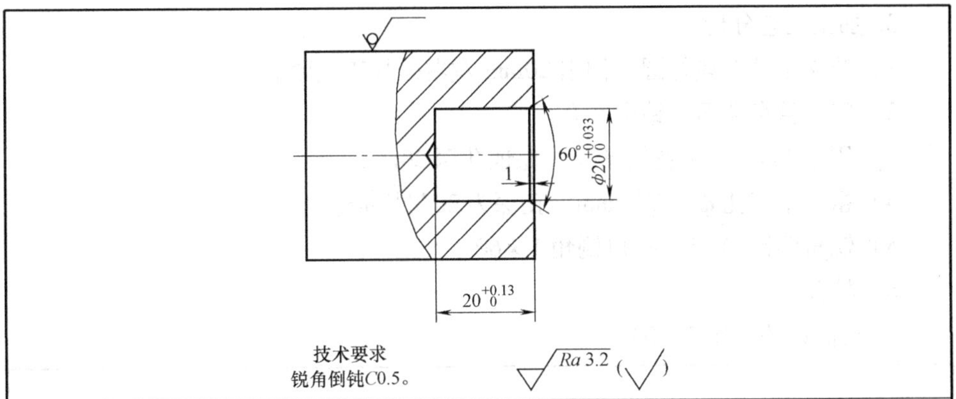

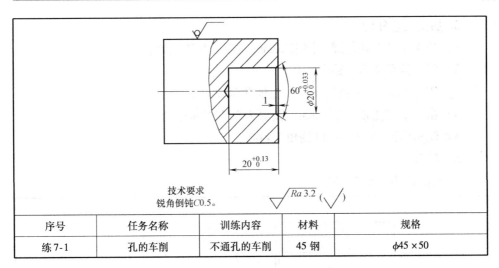

序号	任务名称	训练内容	材料	规格
练 7-1	孔的车削	不通孔的车削	45 钢	ϕ45 ×50

图 7-9　不通孔的车削训练

2. 工具、量具的准备（表 7-1）

表 7-1　车削孔的工具、量具清单

类别	序号	名　　称	规　　格	分度值/mm	数量	备注
量具	1	游标卡尺	0 ~ 150mm	0.02	1	
	2	深度卡尺	0 ~ 200mm	0.02	1	
	3	内径百分表	18 ~ 35mm	0.01	1	
	4	光面塞规	ϕ20 ~ ϕ28mm	H8	各 1	
刃具	1	45°端面车刀	刀杆 25mm ×25mm	—	1	
	2	不通孔车刀	$D \geqslant \phi 18$mm，$L \leqslant 50$mm	—	1	
	3	麻花钻	ϕ18mm，莫氏锥度 No. 5	—	1	
	4	中心钻	B3/10	—	1	
	5	锪孔钻	莫氏锥度 No. 5	—	1	
工具	1	卡盘、刀架扳手	—	—	各 1	
	2	加力杆	—	—	1	
	3	回转顶尖	莫氏锥度 No. 5	—	1	
	4	钻夹头	莫氏锥度 No. 5，1 ~ 13mm	—	1	
	5	铁屑钩子	—	—	1	
	6	刷子	—	—	1	
	7	油壶	—	—	1	
	8	螺钉旋具	一字，十字	—	各 1	
	9	垫刀片	—	—	若干	
材料	1	45 钢	ϕ45mm ×50mm	—	1	
设备	1	车床	CA6140	—	1	

3. 加工工艺分析

1）装夹工件毛坯外圆，伸出20mm左右，找正夹紧。

2）粗、精车端面，钻中心孔。

3）用ϕ18mm的麻花钻钻孔，保证孔深20mm。

4）粗、精车孔$\phi 20^{+0.033}_{0}$mm，孔深为$20^{+0.13}_{0}$mm。

5）锐角倒钝$C0.5$，孔口倒角$1\times60°$。

6）检验。

4. 巩固训练（图7-10）

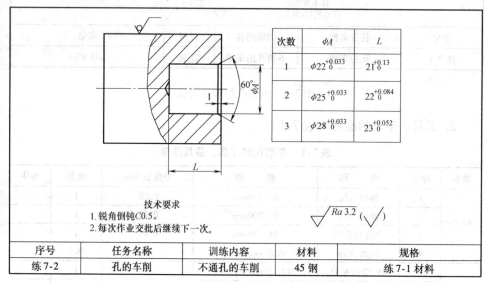

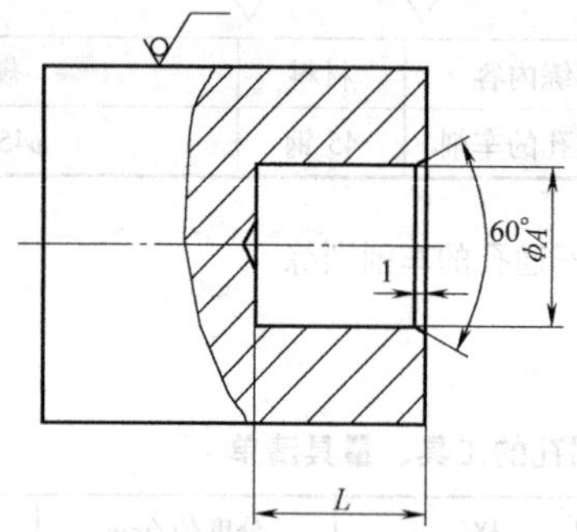

次数	ϕA	L
1	$\phi 22^{+0.033}_{0}$	$21^{+0.13}_{0}$
2	$\phi 25^{+0.033}_{0}$	$22^{+0.084}_{0}$
3	$\phi 28^{+0.033}_{0}$	$23^{+0.052}_{0}$

技术要求

1. 锐角倒钝$C0.5$。
2. 每次作业交批后继续下一次。

Ra 3.2（√）

序号	任务名称	训练内容	材料	规格
练7-2	孔的车削	不通孔的车削	45钢	练7-1材料

图7-10　不通孔的车削巩固训练

5. 检测与评分

工件加工结束后进行检测，对工件进行误差测量与质量分析，将结果填入表7-2。

表7-2　孔的车削训练与巩固训练评分表　　（单位：mm）

班级			姓名		学号		加工日期	
任务内容		孔的车削			任务序号		练7-1、练7-2	
检测项目		检测内容	配分	评分标准		自测	教师检测	得分
1	孔	$\phi 20^{+0.033}_{0}$　Ra 3.2μm	8，3	超差0.01扣3分，降级无分				
	长度	$20^{+0.13}_{0}$	7	超差无分				
	其他	孔口钝角$1\times60°$	2	不符合无分				
		安全文明实习	5	违章视情况扣分				

（续）

班级		姓名		学号		加工日期	
任务内容		孔的车削		任务序号		练7-1、练7-2	
检测项目		检测内容	配分	评分标准	自测	教师检测	得分
2	孔	$\phi22^{+0.033}_{0}$ Ra 3.2μm	8，3	超差0.01扣3分，降级无分			
	长度	$21^{+0.13}_{0}$	7	超差无分			
	其他	孔口钝角1×60°	2	不符合无分			
		安全文明实习	5	违章视情况扣分			
3	孔	$\phi25^{+0.033}_{0}$ Ra 3.2μm	8，3	超差0.01扣3分，降级无分			
	长度	$22^{+0.084}_{0}$	7	超差无分			
	其他	孔口钝角1×60°	2	不符合无分			
		安全文明实习	5	违章视情况扣分			
4	孔	$\phi28^{+0.033}_{0}$ Ra 3.2μm	8，3	超差0.01扣3分，降级无分			
	长度	$23^{+0.052}_{0}$	7	超差无分			
	其他	孔口钝角1×60°	2	不符合无分			
		安全文明实习	5	违章视情况扣分			
总配分			100	总得分			

任务三　技能拓展训练

1. 拓展训练（图7-11）

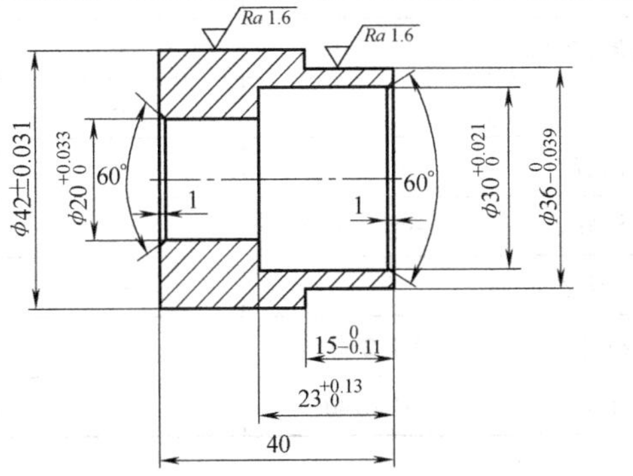

技术要求

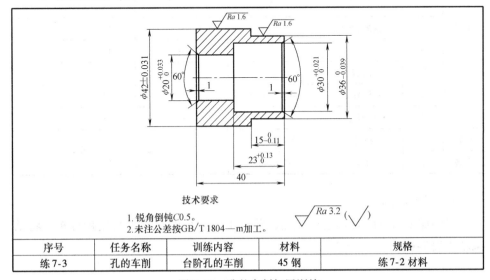

1. 锐角倒钝C0.5。
2. 未注公差按GB/T 1804—m加工。

$\sqrt{Ra\ 3.2}$ （√）

序号	任务名称	训练内容	材料	规格
练7-3	孔的车削	台阶孔的车削	45钢	练7-2材料

图7-11　孔的车削拓展训练

2. 工具、量具的准备（表7-3）

表7-3　孔的车削拓展训练的工具、量具清单

类别	序号	名　　称	规　　格	分度值/mm	数量	备　注
量具	1	外径千分尺	0～25mm，25～50mm	0.01	各1	
	2	游标卡尺	0～150mm	0.02	1	
	3	深度卡尺	0～200mm	0.02	1	
	4	内径百分表	18～35mm	0.01	1	
	5	光面塞规	ϕ20mm，ϕ30mm	H8，H7	各1	
刃具	1	90°外圆车刀	刀杆25mm×25mm	—	1	
	2	45°端面车刀	刀杆25mm×25mm	—	1	
	3	不通孔车刀	$D\geqslant\phi$18mm，$L\leqslant$40mm	—	1	
	4	通孔车刀	$D\geqslant\phi$18mm，$L\leqslant$50mm	—		
	5	麻花钻	ϕ18mm， 莫氏锥度 No.5	—	1	
	6	锪孔钻	莫氏锥度 No.5	—	1	
	7	中心钻	B3/10	—	1	
工具	1	卡盘，刀架扳手	—	—	各1	
	2	加力杆	—	—	1	
	3	回转顶尖	莫氏锥度 No.5	—	1	
	4	钻夹头	莫氏锥度 No.5， 1～13mm	—	1	
	5	铁屑钩子	—	—	1	
	6	刷子	—	—	1	
	7	油壶	—	—	1	
	8	螺钉旋具	一字，十字	—	各1	
	9	垫刀片		—	若干	
材料	1	45钢	练7-2材料	—	1	
设备	1	车床	CA6140	—	1	

3. 检测与评分

工件加工结束后对其进行检测，并对工件进行误差测量与质量分析，将结果填入表7-4。

表 7-4 孔的车削拓展训练评分表 （单位：mm）

班级		姓名		学号		加工日期		
任务内容		台阶孔的车削		任务序号		练 7-3		
检测项目		检测内容	配分	评分标准		自测	教师检测	得分
外圆	1	$\phi42 \pm 0.031$ Ra 1.6μm	10，3	超差 0.01 扣 3 分，降级无分				
	2	$\phi36_{-0.039}^{0}$ Ra 1.6μm	10，3	超差 0.01 扣 3 分，降级无分				
孔	3	$\phi20_{0}^{+0.033}$ Ra 3.2μm	12，2	超差 0.01 扣 3 分，降级无分				
	4	$\phi30_{0}^{+0.021}$ Ra 3.2μm	12，2	超差 0.01 扣 3 分，降级无分				
长度	5	40	8	超差无分				
	6	$23_{0}^{+0.13}$	10	超差无分				
	7	$15_{-0.11}^{0}$	10	超差无分				
其他	8	孔口钝角 1×60°两处	5	不符合无分				
	9	锐角倒钝 C0.5	3	不符合无分				
	10	安全文明实习	10	违章视情况扣分				
总配分			100	总得分				

思考与练习

1. 为什么车削内孔比车削外圆难度高？
2. 使用塞规测量内孔时应注意什么？
3. 通孔车刀与不通孔车刀有什么区别？
4. 车削孔的关键技术是什么？解决措施是什么？

项 目 八

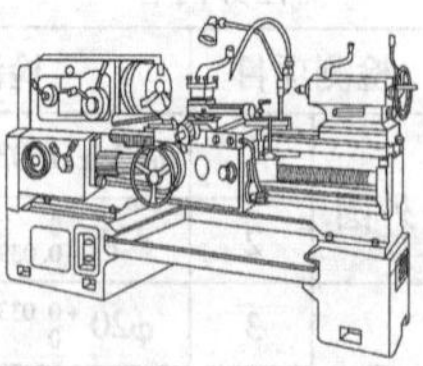

成形面的车削和表面修饰

学习目标：

1. 了解成形面的定义。
2. 掌握成形面的检测方法。
3. 掌握表面修饰的方法。
4. 掌握利用双手控制法车削成形面的加工方法。

任务一　工艺知识讲解

一、相关工艺知识

有些机器零件表面的轴向剖面呈曲线，如摇手柄，圆球手柄等。具有这些特征的表面称为成形面，也称特形面，如图 8-1 所示。在机床上加工这些成形面时，根据这些工件的表面特征、精度要求和批量大小等不同情况，一般采用双手控制法、成形法、靠模法等加工方法。

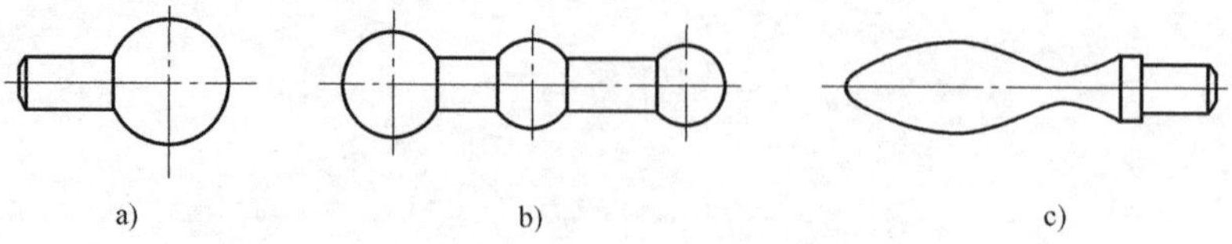

a)　　b)　　c)

图 8-1　成形面零件

a）单球手柄　b）三球手柄　c）摇手柄

1. 双手控制法车削成形面

在单件加工时，用双手同时摇动中滑板和小滑板手柄，或者同时摇动中滑板与大滑板的手柄，通过双手的协调配合，使刀尖的轨迹与成形面曲线相符，车出所要求的成形面，如图 8-2 所示。双手控制法车削成形面灵活、方便，不需要其他辅助的加工工具，但要求具备较高的技术水平。

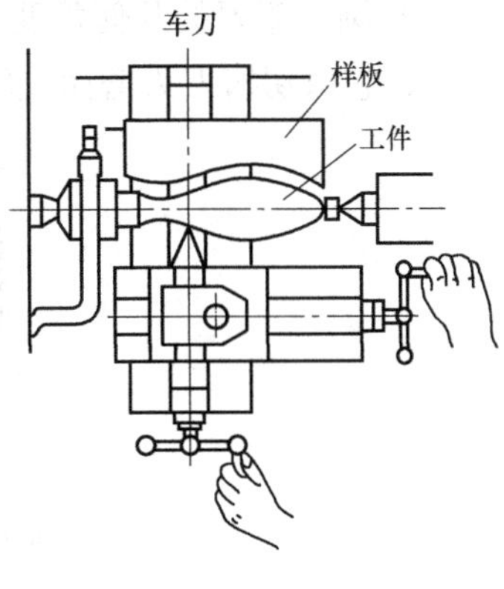

图 8-2 双手控制法车削手柄

(1) 车圆球时刀尖轨迹分析 车刀刀尖在各位置上的横向、纵向进给速度是不相同的，如图 8-3a 所示。车削 a 点时，中滑板横向进给速度 v_{ay} 要比大滑板纵向进给速度 v_{ax} 慢；车削 b 点时，中滑板横向进给速度 v_{by} 和大滑板纵向进给速度 v_{bx} 相等；车削 c 点时，中滑板横向进给速度 v_{cy} 要比大滑板纵向进给速度 v_{cx} 快。即纵向进给速度为快→中→慢，横向进给速度为慢→中→快。关键是双手配合要协调、熟练。一般在车削时采用的是圆头车刀，如图 8-3b 所示。

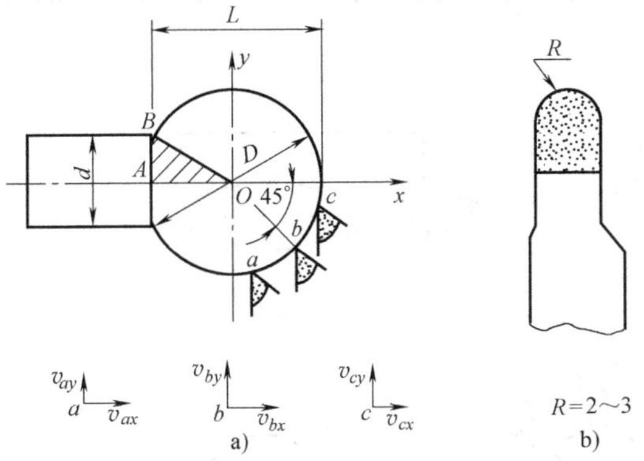

图 8-3 车刀刀尖轨迹分析
a) 刀尖轨迹分析 b) 圆头车刀

(2) 计算球面部分的长度 L 如图 8-3a 所示，在直角三角形 AOB 中

$$L = \frac{D}{2} + AO = \frac{D}{2} + \frac{1}{2}\sqrt{D^2 - d^2}$$

$$= \frac{1}{2}\left(D + \sqrt{D^2 - d^2}\right) \qquad (8\text{-}1)$$

式中 L——球状部分长度（mm）；

D——圆球直径（mm）；

d——柄部直径（mm）。

（3）圆头车刀的几何角度　双手控制法车削成形面时经常采用的车刀是圆头车刀，它由切槽刀刃磨而成的，其几何角度如图8-4所示。

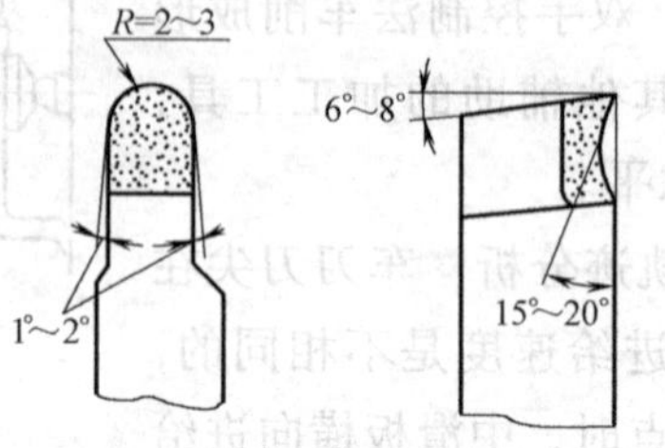

图8-4　圆头车刀的几何角度

（4）球面的测量方法　成形面零件在车削过程中，一般使用样板、半径样板、外径千分尺等进行测量，如图8-5所示。用样板测量时应对准工件中心，通过观察样板与工件之间的间隙来修整工件，如图8-5a所示；用半径样板测量时，也是通过其间隙透光情况来修整工件；用外径千分尺测量球面时，应通过工件中心，并多次变换测量方向，使其测量精度符合尺寸要求，如图8-5b所示。

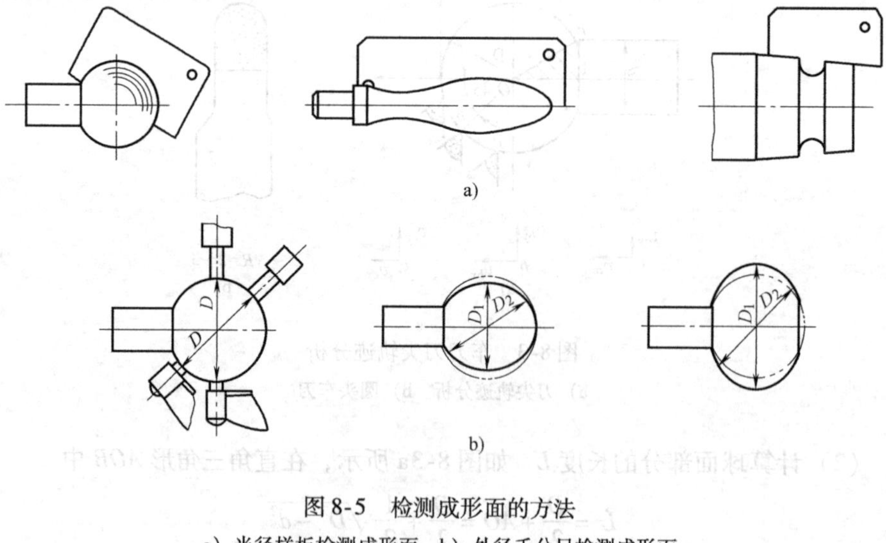

图8-5　检测成形面的方法

a）半径样板检测成形面　b）外径千分尺检测成形面

2. 成形法

成形法是将切削刃磨成与成形面曲线相同的形状（图8-6），刀具只作纵向或横向进给即可。成形法操作简单，适合加工刚性较好的工件。

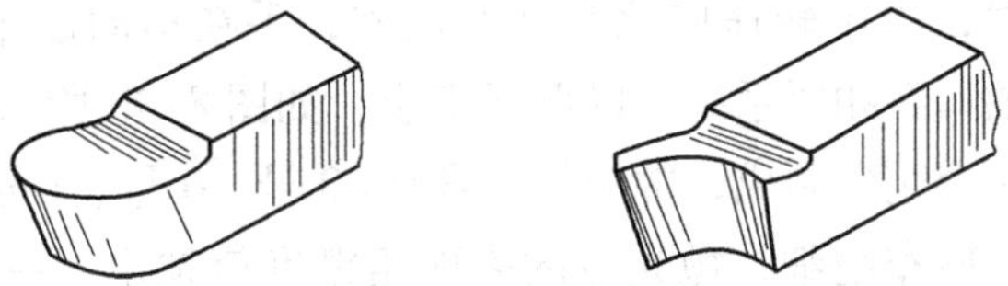

图 8-6 成形车刀

3. 靠模仿形法

靠模仿形法将刀头磨成圆弧形，使刀架与成形导轨相连，保证刀架按成形轨道移动，如图 8-7 所示。这种方法由于要在车床上安装特殊附件，所以常用于工厂生产。

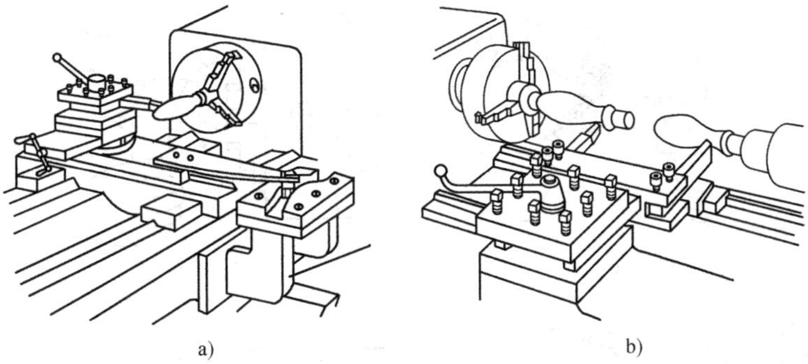

图 8-7 用仿形法车削成形面

a）用仿形法车削手柄 b）用尾座仿形法车削手柄

二、表面修饰

当用双手控制法车削成形面时，往往会由于手动进给不均匀而在工件表面上留下刀痕，抛光的目的就在于去除这些刀痕，减小表面粗糙度值，提高表面质量。通常采用锉刀修光和砂布抛光等方法，如图 8-8 所示。

1. 锉刀修光

在车床上修整成形面时，一般选用平锉或半圆锉，应以左手握锉刀柄，右手握锉刀前端，以免衣物卷入卡盘伤人，如图 8-8a 所示。工件的锉削余量一般在 0.1mm 左右。推锉的速度要慢（一般 40 次/min 左右），压力要均匀，否则会把工件锉扁或呈节状。锉削时主轴的转速要选得合理，转速太高，容易磨钝锉齿；转速太低，容易把工件锉扁。

2. 砂布抛光

用砂布抛光时，主轴转速应比车削时高些，手在移动砂布时要均匀缓慢，修整过程中，衣袖口纽扣要系好，以保证安全，如图 8-8b 所示。在车床上抛光用的砂布，一般用金刚砂制成，常用的型号有 00 号、0 号、1 号、1.5 号和 2 号等。其号数越小，砂布越细，抛光后的表面粗糙度值越小。一般将砂布垫在锉刀下面进行抛光，余量较少时也可直接用手捏住砂布进行抛光，但应注意安全。成批抛光最好使用抛光夹抛光，如图 8-8c 所示。也可在细砂布上加机油抛光。砂布抛光内孔时，要选取尺寸小于孔径的木棒，一端开槽；将撕成条状的砂布一头插进槽内，以顺时针方向把砂布绕在木棒上，然后放进孔内进行抛光，如图 8-8d 所示。

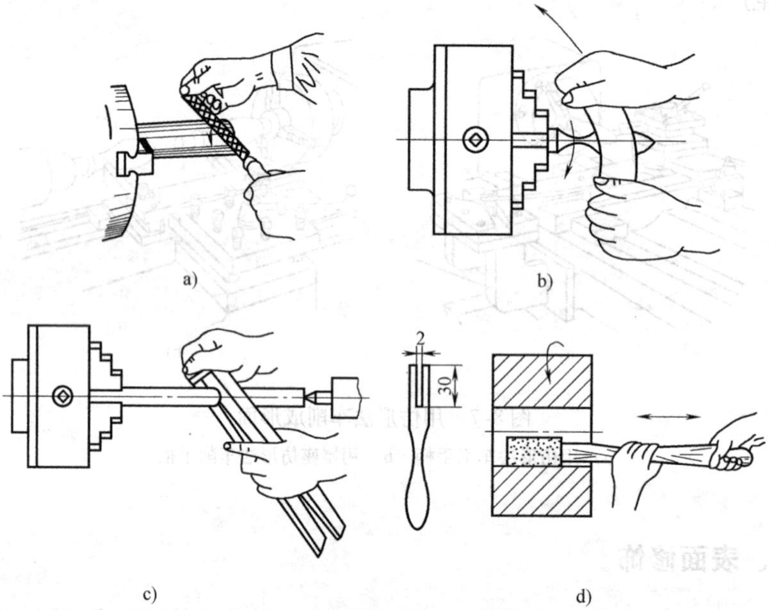

图 8-8 抛光方法

a）用锉刀修光工件 b）用砂布抛光工件

c）用抛光夹抛光工件 d）用抛光棒抛光工件

三、车削单球手柄的方法

1）计算球体长度 L。

2）车削端面及外圆至尺寸 D（留精车余量 0.2 ~0.3mm）。

3）车槽，车准槽底尺寸 d，并车准球状部分长度 L，如图 8-9a 所示。

4）用 $R3$mm 的圆头车刀从 a 点分别向左、右方向（$a \to c$ 点及 $a \to b$ 点）逐步把余量车去而形成球头，并在 c 处用切断刀清角，如图 8-9b 所示。

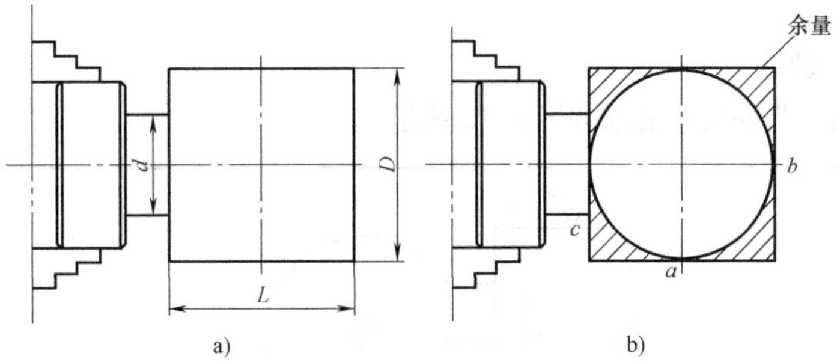

图 8-9 单球手柄的车削

a）步骤 1）、2） b）步骤 3）

5）修整。由于手动进给车削，工件表面往往会留下高低不平的刀痕，因此必须用细板锉修光，再用 1 号或 0 号砂布加机油进行表面抛光。

四、车削成形面与表面修饰时的注意事项

1）双手控制法操作的关键是双手配合要协调、熟练，要求准确控制车刀的切入深度，防止将工件局部车小。

2）车削时须经过多次合成进给运动，才能使车刀刀尖逐渐逼近图样所要求的曲面。

3）装夹工件时，伸出长度应尽量短，以增强其刚性。若工件较长，可采用一夹一顶的方法装夹。

4）车削曲面时，车刀最好从曲面高处向低处进给。为了增加工件刚性，先车削离卡盘远的一段曲面，后车削离卡盘近的曲面。

5）用双手控制法车削复杂成形面时，应将整个成形面分解成几个简单的成形面逐一加工。同时注意，无论分解成多少个简单的成形面，其测量基准都应保持一致，并与整体成形面的基准重合；对于既有直线又有圆弧的成形面曲线，应先车削直线部分，后车削圆弧部分。

6）锉削修整时，用力不能过猛，不准使用无柄锉刀，应注意操作安全。

7）初次车削球面时，要经常用半径样板测量，培养目测能力及控制双手协调进给的能力，防止将球面车成扁球或橄榄球形。

8）用锉刀和砂布修光球形表面时要注意安全操作。圆弧车刀要对准工件中心，且要保持锋利。

任务二　技能操作训练

1. 操作训练

成形面车削的尺寸要求如图 8-10 所示。

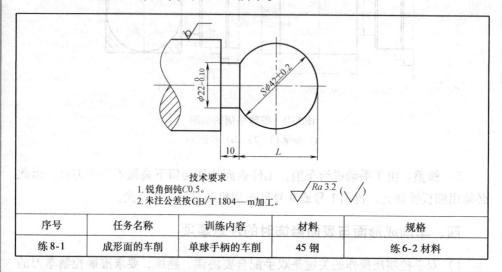

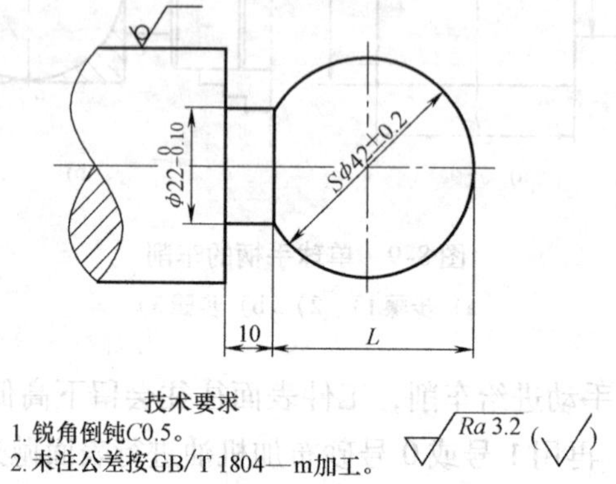

序号	任务名称	训练内容	材料	规格
练 8-1	成形面的车削	单球手柄的车削	45 钢	练 6-2 材料

图 8-10　成形面的车削训练

2. 工具、量具的准备（表 8-1）

表 8-1　车削成形面的工具、量具清单

类别	序号	名　　称	规　　格	分度值/mm	数量	备注
量具	1	外径千分尺	0 ~ 25mm，25 ~ 50mm	0.01	各 1	
	2	游标卡尺	0 ~ 150mm	0.02	1	
	3	半径样板	R15mm ~ 25mm	—	1	
刃具	1	90°外圆车刀	刀杆 25mm × 25mm	—	1	
	2	45°端面车刀	刀杆 25mm × 25mm	—	1	
	3	切槽刀	刀宽 4 ~ 5mm，L > 30mm	—	1	
	4	圆球车刀	R = 3mm，L > 30mm	—	1	
	5	中心钻	B3/10	—	1	
工具	1	卡盘扳手	—	—	1	
	2	刀架扳手	—	—	1	
	3	加力杆	—	—	1	

（续）

类别	序号	名　称	规　格	分度值/mm	数量	备注
工具	4	回转顶尖	莫氏锥度 No. 5	—	1	
	5	钻夹头	莫氏锥度 No. 5，1 ~ 13mm	—	1	
	6	铁屑钩子	—	—	1	
	7	刷子	—	—	1	
	8	油壶	—	—	1	
	9	螺钉旋具	一字，十字	—	各 1	
	10	垫刀片	—	—	若干	
材料	1	45 钢	练 6-2 材料	—	1	
设备	1	车床	CA6140	—	1	

3. 加工工艺分析

1）装夹工件毛坯外圆，伸出 60mm 左右，找正夹紧。

2）粗、精车端面。

3）粗车毛坯外圆至 $\phi42.2$mm，长度为 50mm。

4）计算后得球体长度为 38. 9mm。

5）粗、精车槽宽 10mm 和槽深 $\phi22_{-0.10}^{\ 0}$mm，并车准球体长度。

6）粗、精车球体（$S\phi42\pm0.2$）mm。

7）锐角倒钝 $C0.5$。

8）检验。

4. 巩固训练（图 8-11）

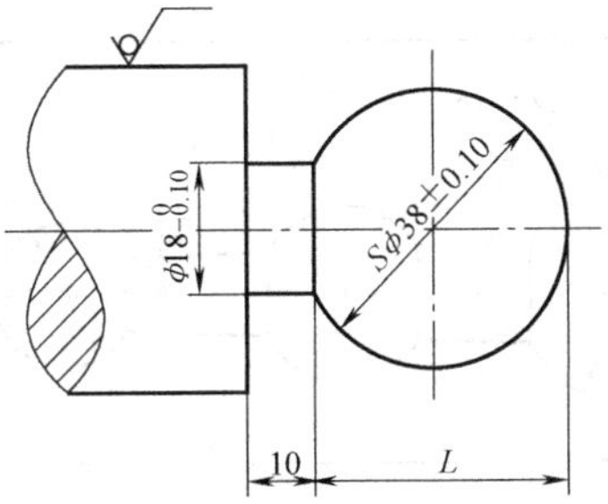

技术要求

1. 锐角倒钝C0.5。

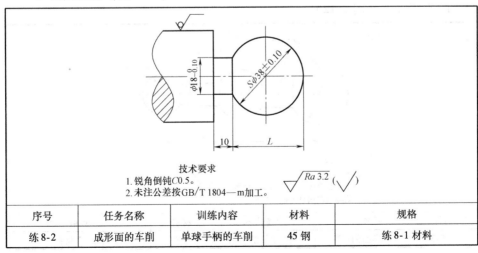

2. 未注公差按GB/T 1804—m加工。

Ra 3.2 (√)

序号	任务名称	训练内容	材料	规格
练 8-2	成形面的车削	单球手柄的车削	45 钢	练 8-1 材料

图 8-11　车削成形面的巩固训练

5. 检测与评分

工件加工结束后进行检测，对工件进行误差测量与质量分析，将结果填入表 8-2。

表 8-2 成形面的车削训练与巩固训练评分表 （单位：mm）

班级		姓名		学号		加工日期	
任务内容		成形面的车削		任务序号		练 8-1、练 8-2	
检测项目		检测内容	配分	评分标准	自测	教师检测	得分
1	圆球	$S\phi42\pm0.20$ *Ra* 3.2μm	12，4	超差 0.01 扣 3 分，降级无分			
	槽底	$\phi22_{-0.10}^{\ 0}$ *Ra* 3.2μm	10，2	超差 0.01 扣 3 分，降级无分			
	长度	10	10	超差无分			
	其他	锐角倒钝 C0.5	2	不符合无分			
		安全文明实习	10	违章视情况扣分			
2	圆球	$S\phi38\pm0.10$ *Ra* 3.2μm	12，4	超差 0.01 扣 3 分，降级无分			
	槽底	$\phi18_{-0.10}^{\ 0}$ *Ra* 3.2μm	10，2	超差 0.01 扣 3 分，降级无分			
	长度	10	10	超差无分			
	其他	锐角倒钝 C0.5	2	不符合无分			
		安全文明实习	10	违章视情况扣分			
总配分			100	总得分			

任务三 技能拓展训练

1. 拓展训练（图 8-12）

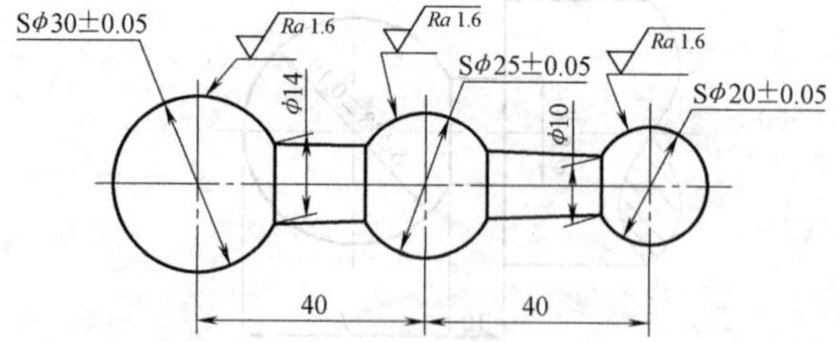

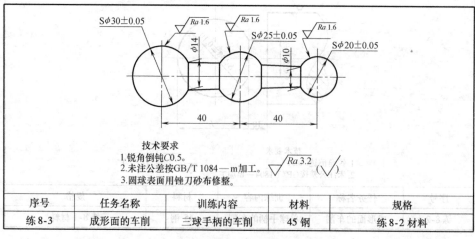

技术要求
1.锐角倒钝C0.5。
2.未注公差按GB/T 1084—m加工。 Ra 3.2 (√)
3.圆球表面用锉刀砂布修整。

序号	任务名称	训练内容	材料	规格
练 8-3	成形面的车削	三球手柄的车削	45 钢	练 8-2 材料

图 8-12 成形面的车削拓展训练

2. 工具、量具的准备（表8-3）

表8-3 成形面车削拓展训练的工具、量具清单

类别	序号	名　称	规　格	分度值/mm	数量	备　注
量具	1	外径千分尺	0～25mm，25～50mm	0.01	各1	
	2	游标卡尺	0～150mm	0.02	1	
	3	半径样板	$R7 \sim R14.5$，$R15 \sim R25$mm	—	各1	
	4	游标万能角度尺	0°～320°	2′	1	
刃具	1	90°外圆车刀	刀杆25mm×25mm	—	1	
	2	45°端面车刀	刀杆25mm×25mm	—	1	
	3	切槽刀	刀宽4～5mm，$L>20$mm	—	1	
	4	切断刀	刀宽4～5mm，$L>30$mm	—	1	
	5	圆球车刀	$R=3$mm，$L>30$mm	—	1	
	6	中心钻	B3/10	—	1	
工具	1	卡盘扳手	—	—	1	
	2	刀架扳手	—	—	1	
	3	加力杆	—	—	1	
	4	回转顶尖	莫氏锥度No.5	—	1	
	5	钻夹头	莫氏锥度No.5，1～13mm	—	1	
	6	铁屑钩子	—	—	1	
	7	刷子	—	—	1	
	8	油壶	—	—	1	
	9	螺钉旋具	一字，十字	—	各1	
	10	垫刀片	—	—	若干	
	11	活扳手	12″	—	1	
材料	1	45钢	练8-2材料	—	1	
设备	1	车床	CA6140	—	1	

3. 检测与评分

工件加工结束后对其进行检测，并对工件进行误差测量与质量分析，将结果填入表8-4。

表 8-4　成形面的车削拓展训练评分表　（单位：mm）

班级		姓名		学号		加工日期	
任务内容		三球手柄的车削		任务序号		练 8-3	
检测项目		检测内容	配分	评分标准	自测	教师检测	得分
圆球	1	$S\phi20\pm0.05$　Ra 1.6μm	8，2	超差 0.01 扣 3 分，降级无分			
	2	$S\phi25\pm0.05$　Ra 1.6μm	8，2	超差 0.01 扣 3 分，降级无分			
	3	$S\phi30\pm0.05$　Ra 1.6μm	8，2	超差 0.01 扣 3 分，降级无分			
外圆	4	$\phi14$	4	超差无分			
	5	$\phi10$	4	超差无分			
长度	6	40	4	超差无分			
	7	40	4	超差无分			
其他	8	安全文明实习	4	违章视情况扣分			
总配分			50	总得分			

思考与练习

1. 车削成形面的常用方法有哪几种？
2. 表面修饰通常采用哪两种方法？各自的操作要求是什么？
3. 用双手控制法车削圆球时应注意哪些问题？

项目九

滚　　花

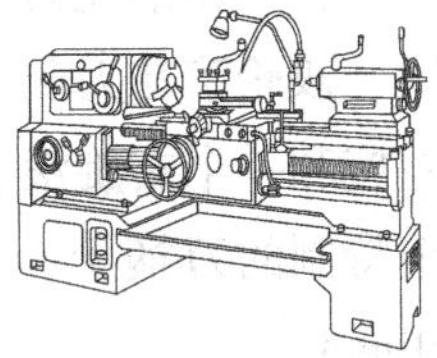

学习目标：

1. 了解花纹及滚花刀的种类。
2. 掌握计算滚花前工件的车削尺寸的方法。
3. 掌握滚花的方法。

任务一　工艺知识讲解

某些零件或工具的手持部位，为增加其表面的摩擦力和零件表面的美观性，通常在零件表面上滚压出不同的花纹，称为滚花。如外径千分尺的微分管，铰刀扳手、丝锥扳手、塞规手持部位等。这些花纹一般都是在车床上用滚花刀滚压而成的。

一、相关工艺知识

1. 花纹的种类

花纹有直纹、斜纹和网纹三种，如图 9-1 所示。

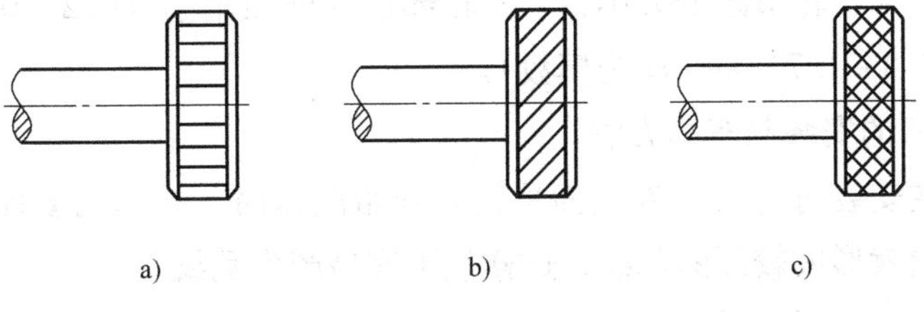

a)　　　b)　　　c)

图 9-1　花纹的种类

a）直纹　b）斜纹　c）网纹

2. 滚花刀的种类

滚花刀一般有三种：单轮滚花刀，如图9-2a所示；六轮滚花刀，如图9-2b所示；双轮滚花刀，如图9-2c所示。其中，单轮滚花刀通常用来加工直纹和斜纹，双轮滚花刀和六轮滚花刀用于滚压网纹。双轮滚花刀是由节距相同的一个左旋和一个右旋滚花刀组成；六轮滚花刀根据节距大小分为三组，装夹在同一个特制的刀柄上，分为粗、中、细三种，供选用。滚花刀的直径一般为25～30mm。

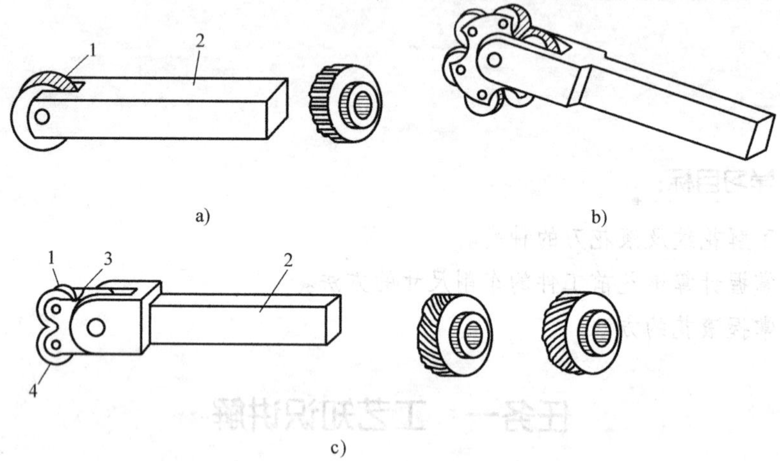

图9-2 各种滚花刀

a）单轮滚花刀 b）六轮滚花刀 c）双轮滚花刀

1—滚轮 2—刀柄 3—夹持架 4—滚轮

二、滚花方法

1. 滚花前的工件尺寸

由于滚花会使工件表面产生塑性变形，所以在车削滚花外圆时，应根据工件材料的性质和滚花节距的大小，将滚花部位的外径车小（0.2～0.5）p（p为节距）或（0.8～1.7）m（m为模数）。

2. 滚花刀的安装与车削方法

滚花刀在安装时应与工件表面平行。开始滚压时，挤压力要略大，使工件圆周上一开始就形成较深的花纹，这样就不容易产生乱纹。

为了减少车削开始时的背向力，可用滚花刀宽度的1/2或1/3宽度挤压工件表面，或把滚花刀尾部装得略向左偏一些，使滚花刀与工件表面产生一个0°～

1°的夹角（图9-3），这样滚花刀就容易切入工件表面。然后开较慢转速，当滚花刀与工件表面接触后，停车检查，确定工件表面没有发生乱纹现象后，即可纵向自动进给进行滚花，这样一至两次就可完成。

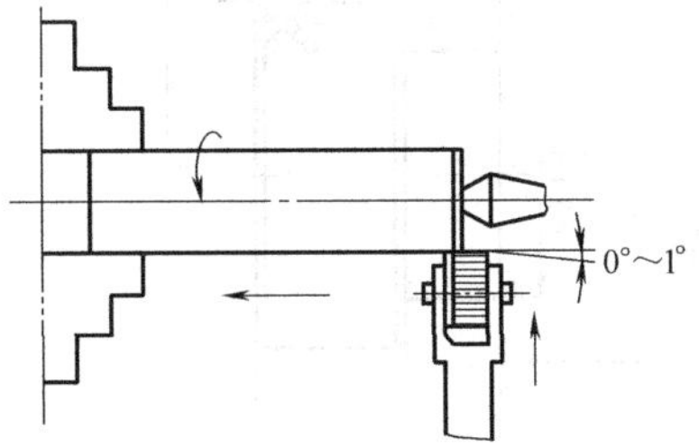

图9-3 滚花刀的安装

三、滚花时的注意事项

1）在滚花刀接触工件表面开始滚压时，必须使用较大的压力进给，使工件滚压出较深的花纹，否则易产生乱纹。

2）滚花时，滚花刀和工件均受很大的径向压力，因此，滚花刀和工件必须装夹牢固。

3）滚花时，不能用手或棉纱去接触滚压表面，以防绞手伤人或棉纱卷入伤人。清除切屑时，应避免毛刷接触工件与滚轮的咬合处。

4）滚花时，切削速度应选得小一些，一般为5～10m/min；纵向进给量选得大一些，一般为0.3～0.6mm/r。

5）滚花时，若发现乱纹应立即退刀并检查原因，并及时纠正。

6）滚直纹时，滚花刀的齿纹必须与工件轴线平行，否则滚压出的花纹将不平直。

7）车削带有滚花表面的工件时，应注意加工工艺的安排，通常在粗车后即可进行滚花，然后找正工件再精车其他部位。

8）车削带有滚花表面的薄壁套类工件时，应先滚花，再钻孔和车削孔，以减少工件的变形。

9）滚压时须浇注充足的切削液，并经常清除滚压产生的切屑。

任务二 技能操作训练

1. 操作训练

滚花的尺寸要求如图 9-4 所示。

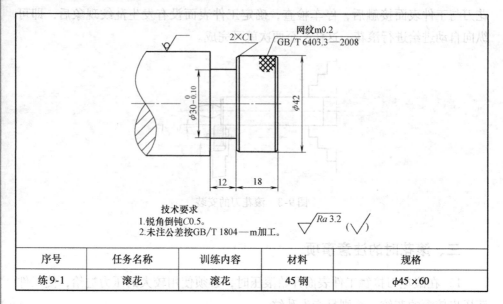

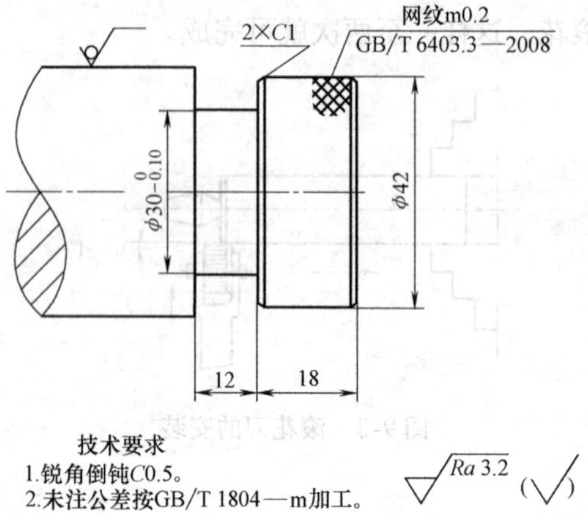

序号	任务名称	训练内容	材料	规格
练 9-1	滚花	滚花	45 钢	$\phi45\times60$

图 9-4　滚花的车削训练

2. 工具、量具的准备（表 9-1）

表 9-1　滚花的工具、量具清单

类别	序号	名　称	规　格	分度值/mm	数量	备　注
量具	1	外径千分尺	0～25mm，25～50mm	0.01	各 1	
	2	游标卡尺	0～150mm	0.02	1	
刃具	1	90°外圆车刀	刀杆 25mm×25mm	—	1	
	2	45°端面车刀	刀杆 25mm×25mm	—	1	
	3	切槽刀	刀宽 4～5mm，$L>30$mm	—	1	
	4	滚花刀	$m=0.2$mm，$m=0.3$mm		各 1	
	5	中心钻	B3/10	—	1	
工具	1	卡盘扳手	—	—	1	
	2	刀架扳手	—	—	1	
	3	加力杆	—	—	1	
	4	回转顶尖	莫氏锥度 No. 5	—	1	

（续）

类别	序号	名 称	规 格	分度值/mm	数量	备 注
工具	5	钻夹头	莫氏锥度 No. 5，1～13mm	—	1	
	6	铁屑钩子	—	—	1	
	7	刷子	—	—	1	
	8	油壶	—	—	1	
	9	螺钉旋具	一字，十字	—	各1	
	10	垫刀片	—	—	若干	
材料	1	45钢	ϕ45mm×60mm	—	1	
设备	1	车床	CA6140	—	1	

3. 加工工艺分析

1）装夹工件毛坯外圆，伸出40mm左右，找正夹紧。

2）粗、精车端面。

3）粗、精车毛坯外圆至ϕ41.8mm，长度为30mm。

4）粗、精车槽宽12mm和槽深$\phi30_{-0.10}^{\ 0}$mm，车准长度18mm。

5）倒角$C1$，锐角倒钝$C0.5$。

6）滚花$m=0.2$mm。

7）检验。

4. 巩固训练（图9-5）

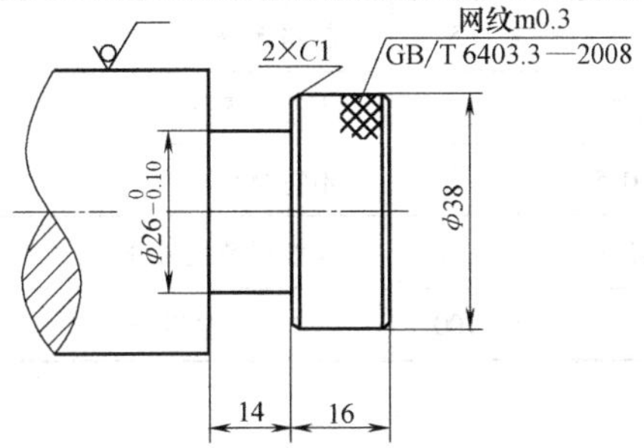

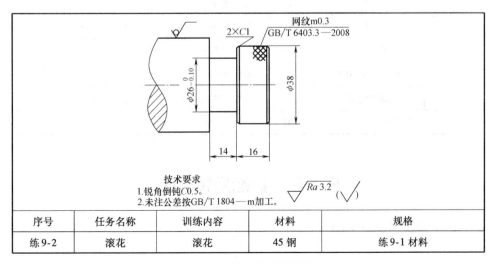

技术要求
1.锐角倒钝C0.5。
2.未注公差按GB/T 1804—m加工。

$\sqrt{Ra\ 3.2}$ ($\sqrt{}$)

序号	任务名称	训练内容	材料	规格
练9-2	滚花	滚花	45钢	练9-1材料

图9-5 滚花的巩固训练

5. 检测与评分

工件加工结束后对其进行检测，并对工件进行误差测量与质量分析，将结果填入表9-2。

表9-2 滚花的车削训练与巩固训练评分表 （单位：mm）

班级		姓名		学号		加工日期	
任务内容		滚花		任务序号		练9-1、练9-2	
检测项目		检测内容	配分	评分标准	自测	教师检测	得分
1	滚花	外径 $\phi 42$	4	超差无分			
		$m=0.2$	10	不符合无分			
	槽底	$\phi 30_{-0.10}^{\ 0}$ $Ra\,3.2\mu m$	8，2	超差无分，降级无分			
	长度	12	5	超差无分			
		18	5	超差无分			
	其他	倒角 $C1$	4	不符合无分			
		锐角倒钝 $C0.5$	2	不符合无分			
		安全文明实习	10	违章视情况扣分			
2	滚花	外径 $\phi 38$	4	超差无分			
		$m=0.3$	10	不符合无分			
	槽底	$\phi 26_{-0.10}^{\ 0}$ $Ra\,3.2\mu m$	8，2	超差无分，降级无分			
	长度	14	5	超差无分			
		16	5	超差无分			
	其他	倒角 $C1$ 两处	4	不符合无分			
		锐角倒钝 $C0.5$	2	不符合无分			
		安全文明实习	10	违章视情况扣分			
总配分			100	总得分			

任务三 技能拓展训练

1. 拓展训练（图9-6）

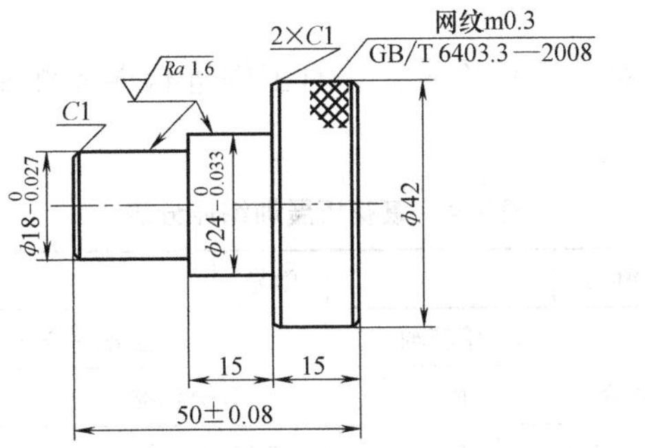

技术要求

1.未注公差按GB/T 1084—m加工。

2.锐角倒钝C0.5。

Ra 3.2 (√)

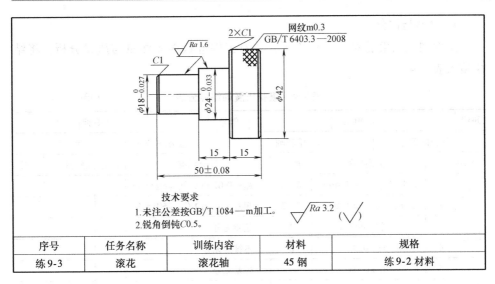

序号	任务名称	训练内容	材料	规格
练 9-3	滚花	滚花轴	45 钢	练 9-2 材料

图 9-6　滚花的拓展训练

2. 工具、量具的准备（表 9-3）

表 9-3　滚花拓展训练的工具、量具清单

类别	序号	名　　称	规　　格	分度值/mm	数量	备注
量具	1	外径千分尺	0～25mm，25～50mm	0.01	各 1	
	2	游标卡尺	0～150mm	0.02	1	
刃具	1	90°外圆车刀	刀杆 25mm×25mm	—	1	
	2	45°端面车刀	刀杆 25mm×25mm	—	1	
	3	滚花刀	$m=0.3$mm	—	1	
	4	中心钻	B3/10	—	1	
工具	1	卡盘扳手	—	—	1	
	2	刀架扳手	—	—	1	
	3	加力杆	—	—	1	
	4	回转顶尖	莫氏锥度 No. 5	—	1	
	5	钻夹头	莫氏锥度 No. 5，1～13mm	—	1	
	6	铁屑钩子	—	—	1	
	7	刷子	—	—	1	
	8	油壶	—	—	1	
	9	螺钉旋具	一字，十字	—	各 1	
	10	垫刀片	—	—	若干	
	11	活扳手	12″	—	1	
材料	1	45 钢	练 9-2 材料	—	1	
设备	1	车床	CA6140	—	1	

3. 检测与评分

工件加工结束后对其进行检测，并对工件进行误差测量与质量分析，将结果填入表9-4。

表9-4　滚花拓展训练评分表　（单位：mm）

班级		姓名		学号		加工日期		
任务内容		滚花轴		任务序号		练9-3		
检测项目		检测内容	配分	评分标准		自测	教师检测	得分
外圆	1	$\phi18_{-0.027}^{0}$ Ra 1.6μm	6，2	超差0.01扣2分，降级无分				
	2	$\phi24_{-0.033}^{0}$ Ra 1.6μm	6，2	超差0.01扣2分，降级无分				
滚花	3	外径 $\phi42$	4	超差无分				
	4	$m=0.3$	6	不符合无分				
长度	5	50±0.08	4	超差无分				
	6	15	2	超差无分				
	7	15	2	超差无分				
其他	8	倒角 $C1$ 两处	4	不符合无分				
	9	锐角倒钝 $C0.5$	2	不符合无分				
	10	安全文明实习	10	违章视情况扣分				
总配分			50	总得分				

思考与练习

1. 花纹的种类有哪些？滚花刀的种类有哪些？
2. 滚花刀是如何安装的？
3. 滚花时产生乱纹的原因是什么？怎样预防？

项目十

三角形外螺纹的车削

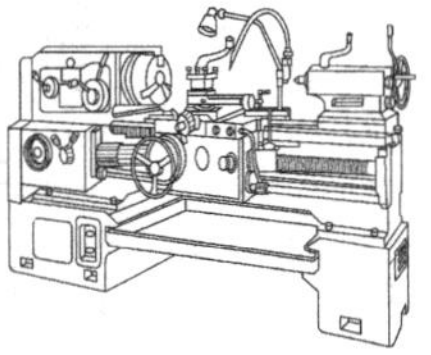

学习目标：

1. 了解三角形外螺纹的种类与各部分的名称。
2. 学会三角形外螺纹的尺寸计算方法。
3. 学会三角形外螺纹车刀的刃磨方法。
4. 掌握三角形外螺纹的测量方法。
5. 掌握三角形外螺纹的车削方法。
6. 掌握车削三角形外螺纹时中途对刀的方法。

任务一　工艺知识讲解

一、相关工艺知识

1. 螺纹的种类

螺纹按牙型可分为三角形螺纹、矩形螺纹、梯形螺纹和锯齿形螺纹；按用途可分为联接螺纹和传动螺纹；按螺旋线方向可分为左旋螺纹和右旋螺纹；按螺旋线数可分为单线螺纹和多线螺纹；按形成螺旋线的形状可分为圆柱螺纹和圆锥螺纹。

2. 三角形螺纹的各部分名称

三角形螺纹的各部分名称分别为：螺纹大径（外螺纹时为 d，内螺纹时为 D）、螺纹小径（外螺纹时为 d_1，内螺纹时为 D_1）、中径（$2d_2 = d + d_1$，$2D_2 = D + D_1$）、牙型角 α，牙型高 h、原始三角形高度 H、螺距 P、导程 P_h 及螺纹升角 ϕ，如图 10-1 所示。其中，螺纹大径为公称直径。

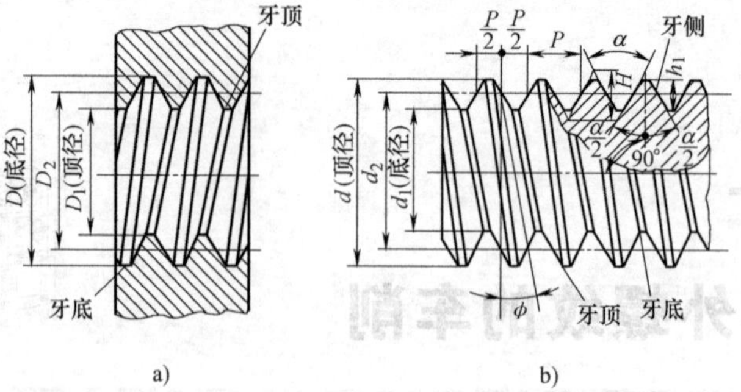

图 10-1　三角形螺纹各部分的名称

a）内螺纹　b）外螺纹

3. 普通螺纹的尺寸计算

普通螺纹的尺寸计算见图 10-2 和表 10-1。

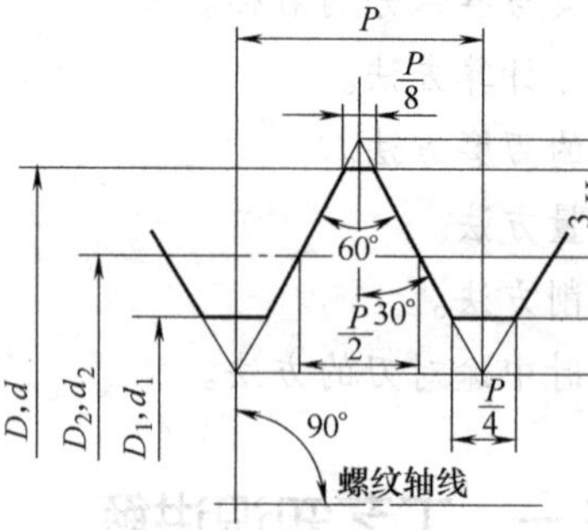

图 10-2　普通螺纹的尺寸计算

表 10-1　普通螺纹的尺寸计算　　（单位：mm）

名　称		代　号	计 算 公 式
外螺纹	牙型角	α	60°
	原始三角形高度	H	$H=0.866P$
	牙型高度	h	$h=\frac{5}{8}H=\frac{5}{8}\times0.866P=0.5413P$
	中径	d_2	$d_2=d-2\times\frac{3}{8}H=d-0.6495P$
	小径	d_1	$d_2=d-2h=d-1.0825P$
	牙顶宽	f	$f=0.125P$
	牙底宽	w	$w=0.25P$

（续）

名称		代号	计算公式
内螺纹	中径	D_2	$D_2=d_2$
	小径	D_1	$D_1=d_1$
	大径	D	$D=d=$公称直径
	牙顶宽	W	$W=0.25P$
	牙底宽	F	$F=0.125P$
螺纹升角		ϕ	$\tan\phi=\dfrac{nP}{\pi d_2}$

4. 三角形外螺纹车刀的几何角度及其刃磨

（1）三角形外螺纹车刀的几何角度　三角形外螺纹车刀分为高速工具钢车刀和硬质合金车刀，如图 10-3 所示。

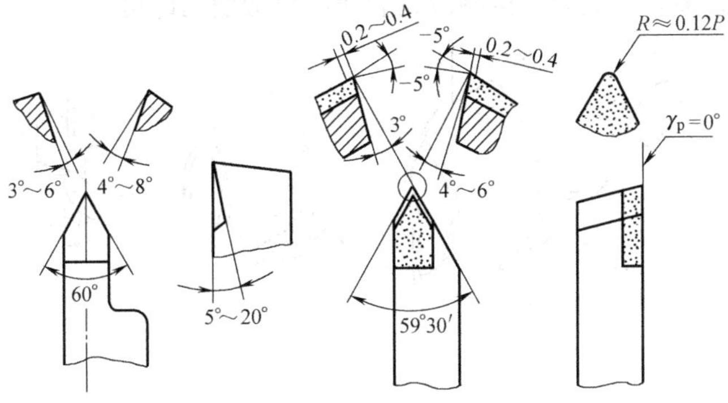

a)　　b)

图 10-3　三角形外螺纹车刀的刃磨角度

a）高速工具钢三角形外螺纹车刀　b）硬质合金三角形外螺纹车刀

1）前角。三角形外螺纹车刀的前角在粗车时可以磨成 5°～20°，这是为了排屑顺利，但此时牙型角误差大。所以，精车时车刀前角一般磨成 0°，此时刀尖角等于螺纹牙型角，普通螺纹时为 60°，寸制螺纹时为 55°。

2）螺纹升角（导程角 ϕ）：在中径圆柱或中径圆锥上，螺旋线的切线与垂直于螺纹轴线平面的夹角称为螺纹升角。为了保证切削顺利，刃磨车刀时应将车刀进给方向一侧的后角 α_{oL} 加上一个螺纹升角，即 $\alpha_{oL}=(3°\sim5°)+\phi$。为了保证车刀强度，应将车刀背着进给方向一侧的后角 α_{oR} 减去一个螺纹升角，即

$\alpha_{oR}=(3°\sim5°)-\phi$。

3）其他角度。根据粗车、精车要求，要刃磨出合理的前角、后角；粗车用的车刀前角大、后角小，精车用的车刀正好相反；刃磨后的左、右两边切削刃必须呈直线，无崩刃；刀头不能歪斜，牙型角半角应相等。

（2）刃磨方法（图 10-4）。

1）粗磨后面。先磨左侧后面，双手紧握车刀，使刀柄与砂轮外圆水平方向呈 30°，垂直方向倾斜 8°～10°，慢慢靠近砂轮，当车刀与砂轮接触后小力度加压，均匀移动进行磨削；然后刃磨右侧后面。边磨边用磨刀样板检查，直至达到要求为止。

2）粗磨前面。前面与砂轮水平方向呈 10°～15°的倾角，同时使右侧切削刃略高于左侧切削刃。慢慢靠近砂轮，当前面与砂轮接触后小力度加压进行磨削。

3）精磨。各个面的精磨方法与粗磨相同。

4）刃磨刀尖。刀尖轻轻接触砂轮后作圆弧形摆动即可。

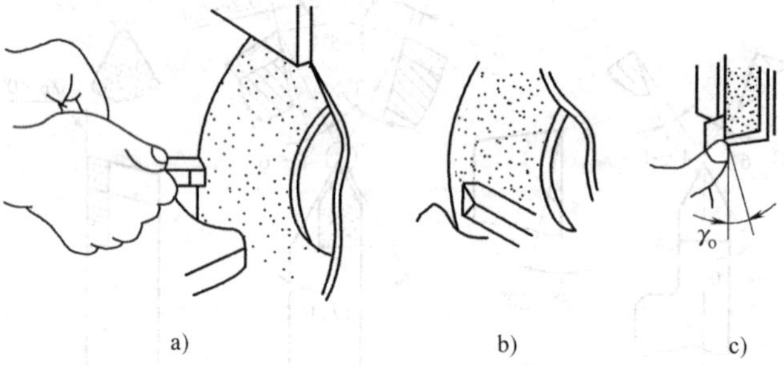

图 10-4　螺纹车刀的刃磨方法

a）刃磨左侧后面　b）刃磨右侧后面　c）刃磨前面

（3）螺纹车刀的检测方法　为了保证磨出准确的刀尖角，刃磨螺纹车刀时可以用角度样板进行检测，如图 10-5 所示。使刀尖角与样板贴合，对准光源，仔细观察两边贴合的间隙，并进行修磨。测量时，样板应与车刀底面平行，用透光法进行检测。对于精度很高的刀尖角来说，可以用游标万能角度尺进行检测。

二、三角形外螺纹的测量方法

螺纹的测量主要包括测量大径、测量螺距、测量中径和综合测量。

1. 大径

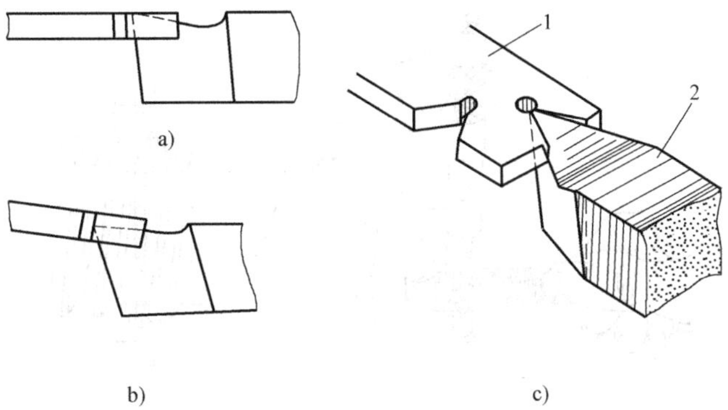

图 10-5 螺纹车刀的检测方法

a）正确 b）错误 c）检测方法

1—角度样板 2—三角形外螺纹车刀

螺纹大径的公差较大，可用游标卡尺或千分尺测量。

2. 螺距

螺距一般可用钢直尺测量，如图 10-6a 所示。因为普通螺纹的螺距比较小，测量时最好量取 10 个螺距，然后除以 10 进行计算检查；螺距较大时，可测量 2 ~ 5个螺距进行检验。如果加工的是细牙螺纹，因螺距较小，可用螺距规进行测量，如图 10-6b 所示。

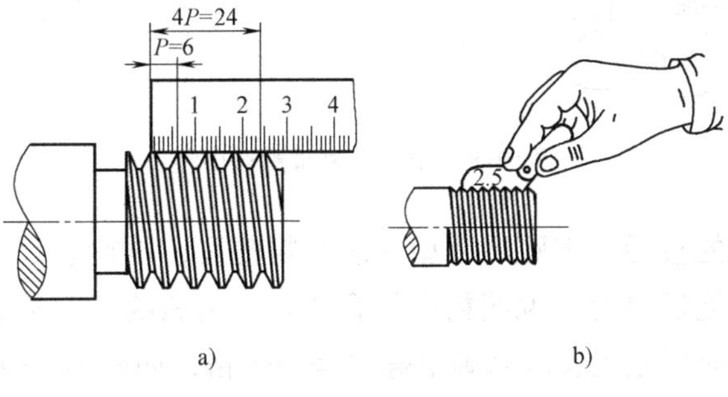

图 10-6 螺距的测量

a）用钢直尺测量 b）用螺距规测量

3. 中径

中径一般用螺纹千分尺测量，精度要求较高的可用三针测量（专用量具）。用螺纹千分尺测量中径的方法如图 10-7 所示，用三针测量中径的方法如图 10-8 所示。

4. 综合检测

用螺纹环规或螺纹塞规可综合检测三角形外螺纹。螺纹环规分为通规和止

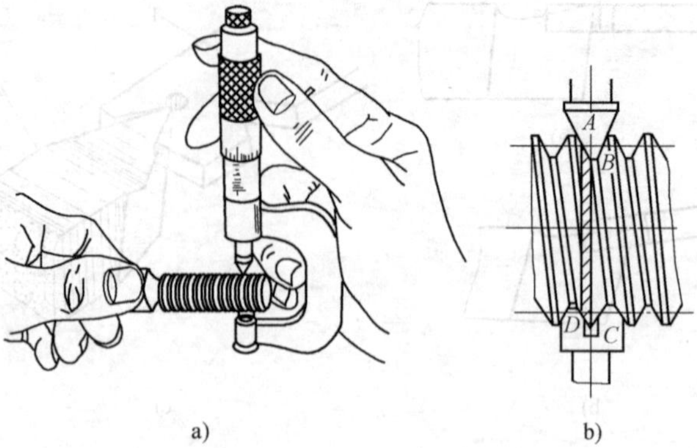

图 10-7　螺纹千分尺及其测量原理
a）螺纹千分尺　b）测量原理
A、*C*—测量螺杆　*B*—上测量头　*D*—下测量头

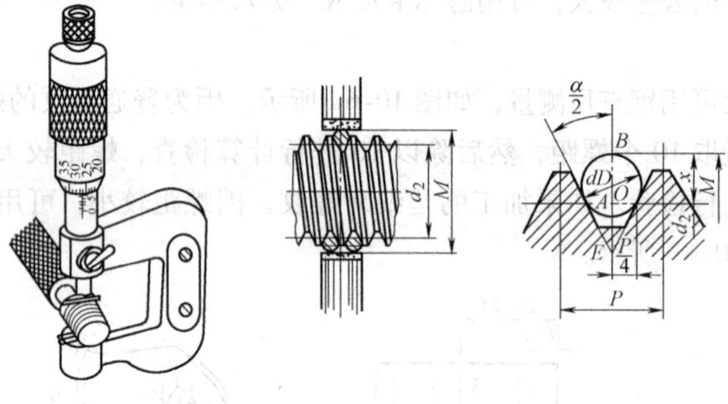

图 10-8　用三针测量螺纹中径

规。先检查螺纹的直径、螺距、牙型和表面粗糙度，再检查尺寸精度。当通规能通过而止规不能通过时，说明精度符合要求。用螺纹环规检查三角形外螺纹时，以拧上工件时的松紧程度来确定螺纹是否合格，如图 10-9 所示。螺纹精度要求不高时，也可以用标准螺母检查。

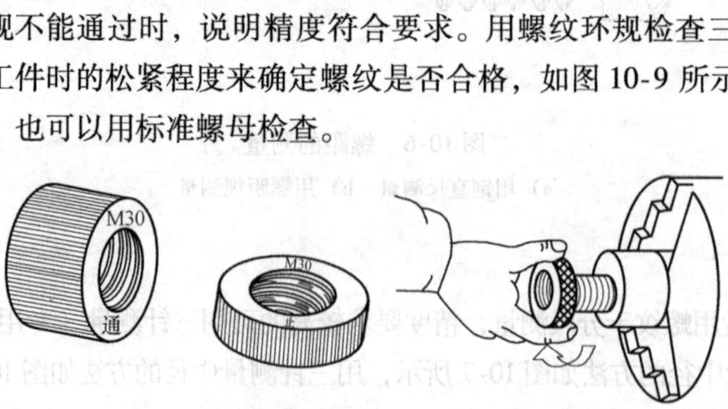

图 10-9　螺纹量规综合检查三角形外螺纹

三、三角形外螺纹的车削方法

1. 三角形外螺纹车刀的安装

1）三角形外螺纹车刀的刀尖应与车床主轴轴线等高，一般可根据尾座顶尖高度进行调整和检查。

2）三角形外螺纹车刀刀尖角的对称中心线应与工件轴线垂直（牙型半角相等），如图 10-10 所示。

3）装夹三角形外螺纹车刀时，应使车刀刀尖角度与对刀样板的角度相吻合，如图 10-11 所示。

4）三角形外螺纹车刀伸出刀架的部分不宜过长，以免在车削时引起车刀振动，影响车削精度。

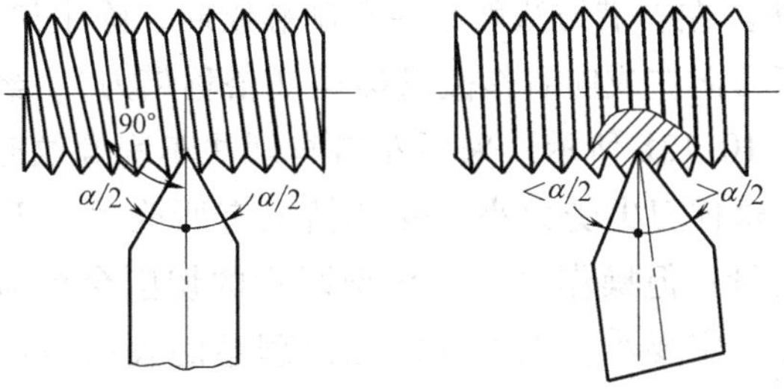

a)　　　b)

图 10-10　三角形外螺纹车刀的安装要求

a）牙型半角相等　b）牙型半角不相等造成螺纹歪斜

2. 螺纹的车削方法

1）车削螺纹前应先调整车床，根据被加工工件的螺距，在车床进给箱铭牌上找到交换齿轮的齿数和手柄位置，将手柄调拨到所需位置。如需要调整交换齿轮，应在断电后根据操作要求再进行调换。当滑板间隙较大时，要适当调整镶条，需要调整时应在指导教师的指导下进行操作，不可随意自行调节。

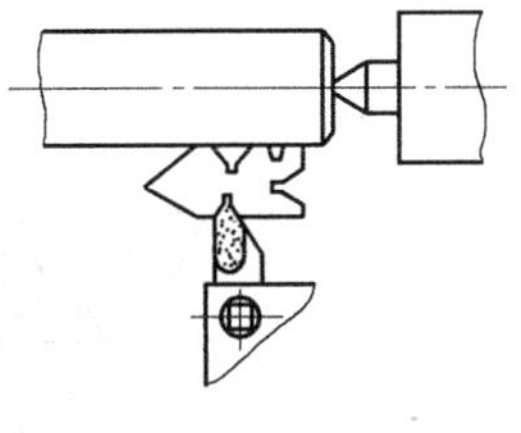

图 10-11　三角形外螺纹样板对刀的方法

2）加工螺纹时要低速加工，主轴转速为 50 ~ 100r/min。另外，应将主轴正、反转数次，然后合上开合螺母，检查丝杠与开合螺母工作是否正常，若出现自动抬闸或有跳动，须停车检查，排除故障后方可运行。

3）根据被加工螺纹的长度用直尺在工件上作出退刀标记。若有退刀槽，应先用车刀车出退刀槽后再进行加工，如图 10-12 所示。

4）试切螺纹。完成前面的操作后，合上开合螺母，在工件表面车出一条有痕迹的螺旋线后停车，检测螺距是否符合要求。

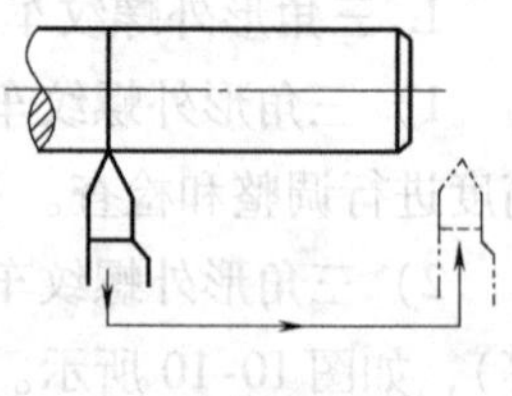

图 10-12　加工螺纹的过程

5）用直进法、左右切削法或斜进法车削螺纹。一般情况下车削 3 ~5 个工作行程即可完成，进刀方法如图 10-13 所示。

① 直进法。直进法就是在车削时只用中滑板横向进给，在几次行程后，把螺纹车到所需要的尺寸和表面粗糙度，如图 10-13a 所示。此方法适用于$P<3$mm的三角形螺纹的车削。

② 左右借刀法。左右借刀法就是在车削螺纹时，除中滑板作横向进给外，同时用小滑板将车刀向左或向右作微量移动（俗称借刀），经过几次行程后把螺纹车削好，如图 10-13b 所示。采用左右车削法车削螺纹时，车刀只有一个切削刃参与车削，这样刀尖受力小，受热情况有所改善，不易引起“扎刀”，可相对提高切削用量；但操作复杂，牙型两侧的切削余量需合理分配。精车时，车刀的进给量一定要小，以保证加工出理想的表面粗糙度值和所需要的尺寸。

③ 斜进法。当螺距较大、螺纹槽较深、切削余量较大，粗车时为了操作方便，除中滑板直进外，小滑板只向一个方向移动，这种方法称为斜进法，如图 10-13c 所示。此方法只适用于粗车，且每边牙侧应留 0.1 ~0.2mm 的精车余量，精车时应采用左右切削法。

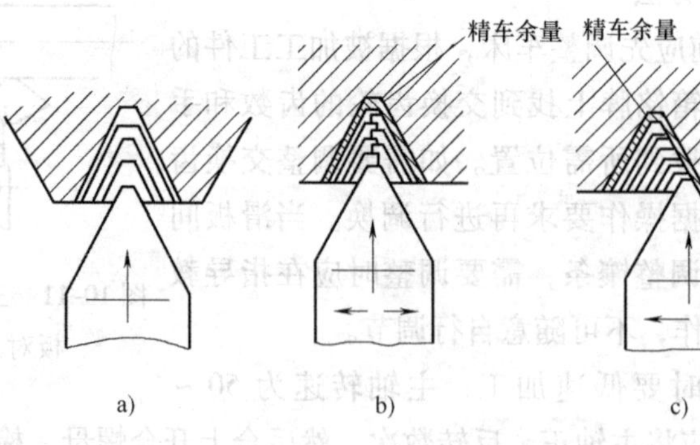

图 10-13　加工螺纹时进刀方法

a）直进法　b）左右切削法　c）斜进法

6）进给方法。车削三角形外螺纹时有两种进给方法：一种是用启闭开合螺母；另一种是正反转倒车法，这种方法的操作速度一定要低。当加工工件的螺距与车床丝杠的螺距成整数倍时，可采用启闭开合螺母法；反之，则用正反转倒车法，如图 10-14 所示。

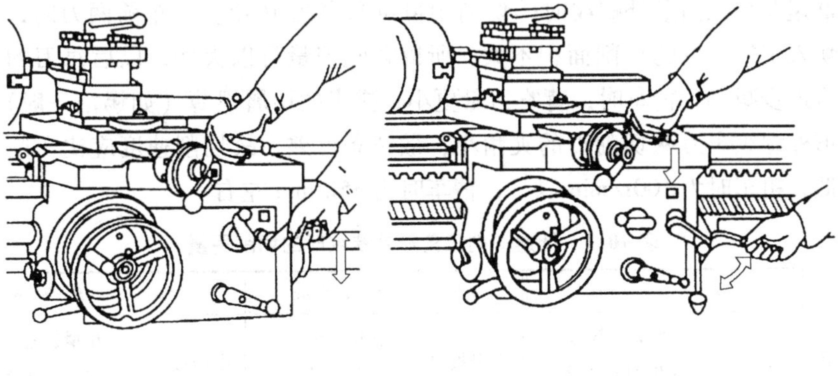

a)　　　　b)

图 10-14　加工螺纹时机床的操作方法

a）用开合螺母法加工螺纹　b）用正反转倒车法加工螺纹

3. 乱牙的预防和重新对刀

车削螺纹时，在车削完第一刀后车削第二刀时，如果螺纹车刀不在车削的螺旋槽内，则会切掉前面已加工好的螺旋槽，称为乱牙。当被加工工件的螺距与车床丝杠的螺距不成整数倍时，会出现乱牙现象。这时，可采用正反转倒车法来加工螺纹，以避免产生乱牙现象。

加工螺纹时，如果刀具发生崩刃等情况，或者刀具刃磨后重新安装时，为了防止乱牙，须重新对刀。重新对刀的方法是选择较低的机床转速，按下开合螺母，控制小刀架，使刀尖对准已加工过的螺旋槽中心，然后继续加工。

4. 背吃刀量的选择

车削螺纹时，总背吃刀量 $a_p=0.65P$（P 为螺距），中滑板转过的格数 n 可用下式计算

$$n=\frac{0.65P}{0.05}$$

式中，0.05mm 为中滑板的刻度值

5. 切削用量的选择

（1）工件材料　加工塑性金属时，切削用量应相应增大；加工脆性金属时，切削用量应相应减小。

（2）加工性质　粗车螺纹时，切削用量可选得大一些；精车时，切削用量宜选得小些。

（3）螺纹车刀的刚度　车削外螺纹时，切削用量可选得大一些；车削内螺纹时，因为刀柄的刚度较差，切削用量宜选得小些。

低速车削三角形外螺纹时的切削用量可参考表 10-2。粗车前两刀时，因车刀刚切入工件，总的切削面积不大，所以背吃刀量可以大些，以后每刀的背吃刀量应逐步减小。精车时，背吃刀量更小，排出的切屑很薄（如锡箔一般）。因三角形外螺纹车刀两切削刃的夹角小，散热条件差，故切削速度应比车削外圆时的低，粗车时为 100r/min 以下，精车时为 35r/min 左右。

表 10-2　低速车削三角形外螺纹时的切削用量

进给数	M24　$P=3$mm			M20　$P=2.5$mm			M16　$P=2$mm		
	中滑板进刀格数	小滑板赶刀（借刀）格数		中滑板进刀格数	小滑板赶刀（借刀）格数		中滑板进刀格数	小滑板赶刀（借刀）格数	
		左	右		左	右		左	右
1	10	0	—	10	0	—	10	0	—
2	8	3	—	8	3	—	6	2	—
3	6	3	—	6	3	—	4	2	—
4	4	2	—	3	2	—	2	2	—
5	4	2	—	2	1	—	1	1/2	—
6	2	1	—	1	1/2	—	1	1/2	—
7	1	1	—	1/2	1	—	1/4	1/2	—
8	1	1/2	—	1/4	0	—	1/4	—	2
9	1/2	1	—	1/4	1/2	—	1/2	—	0
10	1/2	0	—	1/4	—	3	1/2	—	1/2
11	1/4	1/2	—	1/2	—	0	1/4	—	1/2
12	1/4	1/2	—	1/4	—	1/2	1/4	—	0
13	1/2	—	3	1/4	—	1/2	螺纹深度为 1.3mm，$n=26$ 格		
14	1/2	—	0	1/4	—	0			
15	1/4	—	1/2	螺纹深度为 1.625mm，$n=32.5$ 格					
16	1/4	—	0						
	螺纹深度为 1.95mm，$n=39$ 格								

注：1. 小滑板每格为 0.05mm。

2. 中滑板每格为 0.05mm。

四、车削三角形外螺纹时的注意事项

1）螺纹大径一般应车削得比公称尺寸小0.2～0.4mm（或0.13P），这是为了保证牙顶有足够的宽度。

2）车削螺纹前，要调整好大滑板、中滑板和小滑板的松紧程度，并检查机床各手柄是否调整到位。

3）车削螺纹时，外圆倒角应小于螺纹小径，有退刀槽的应先加工退刀槽，然后加工螺纹。

4）车削时进给量不能过大，以免因切削量过大，排屑困难而造成扎刀或崩刃。应始终保持切削刃锋利，换刀或中途磨刀后，要重新对刀并调整好中滑板的刻度。

5）车削时，中滑板进、退手柄应避免多摇一圈，否则会造成车刀的背吃刀量增大，造成车刀崩刃或损坏工件。

6）车削螺纹时是纵向进给，进给速度比较快。退刀或开启开合螺母必须及时，动作要协调，否则会发生撞车事故。

7）退刀要及时、准确，尤其是要注意退刀方向，使车刀退离工件表面后再开反车。正反车换向时不能过快，否则机床将受到瞬间冲击，容易损坏车床。

8）使用螺纹量规检查时，不能用力过大或用扳手强拧，造成螺纹量规严重磨损或使工件发生位移。

9）工件在旋转时绝对不能用棉纱擦拭，以免将棉纱卷入工件而把手指也一起卷进造成事故；清除工件上的铁屑时应使用刷子。

任务二　技能操作训练

1. 操作训练

车削三角形外螺纹的尺寸要求如图10-15所示。

2. 工具、量具准备（表10-3）

3. 加工工艺分析

1）装夹工件毛坯外圆，伸出40mm左右，找正夹紧。

2）粗、精车端面。

3）粗、精车外圆$\phi 27_{-0.26}^{0}$mm，长度为30mm。

4）粗、精车槽6mm×2mm。

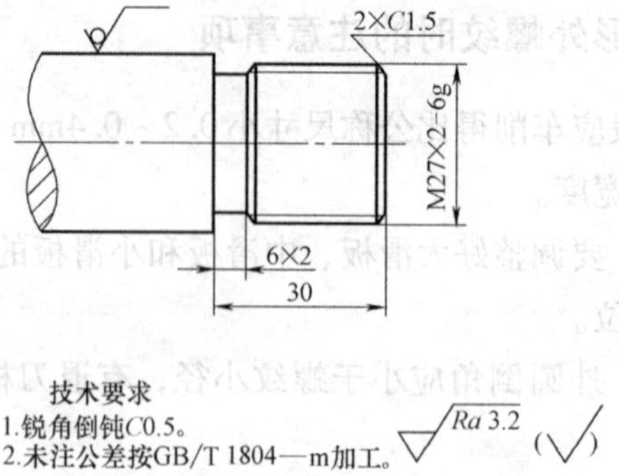

序号	任务名称	训练内容	材料	规格
练 10-1	三角形外螺纹的车削	三角形外螺纹的车削	45 钢	$\phi30\times70$

图 10-15　三角形外螺纹的车削训练

表 10-3　车削三角形外螺纹的工具、量具清单

类别	序号	名　称	规　格	分度值/mm	数量	备注
量具	1	外径千分尺	0~25mm，25~50mm	0.01	各 1	
	2	游标卡尺	0~150mm	0.02	1	
	3	螺纹量规	M20×2，M24×2，M27×2	5g6g	各 1	
刃具	1	90°外圆车刀	刀杆 25mm×25mm	—	1	
	2	45°端面车刀	刀杆 25mm×25mm	—	1	
	3	切槽刀	刀宽 4~5mm，$L>30$mm	—	1	
	4	三角形螺纹车刀	$P=2$mm	—	1	
	5	中心钻	B3/10	—	1	
工具	1	卡盘扳手	—	—	1	
	2	刀架扳手	—	—	1	
	3	加力杆	—	—	1	
	4	回转顶尖	莫氏锥度 No.5	—	1	
	5	钻夹头	莫氏锥度 No.5，1~13mm	—	1	
	6	铁屑钩子	—	—	1	
	7	油壶	—	—	1	
	8	刷子	—	—	1	
	9	垫刀片	—	—	若干	
	10	螺钉旋具	一字，十字	—	各 1	
	11	螺纹样板	60°	—	1	
材料	1	45 钢	$\phi30$mm×70mm	—	1	
设备	1	车床	CA6140	—	1	

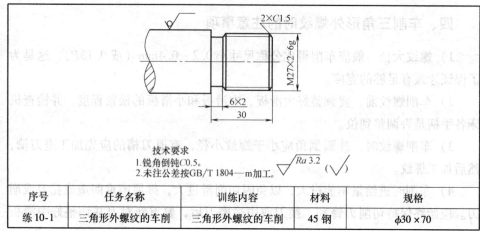

5）倒角 2×C1.5，锐角倒钝 C0.5。

6）粗、精车三角形外螺纹 M27×2-6g。

7）检验。

4. 巩固训练（图 10-16）

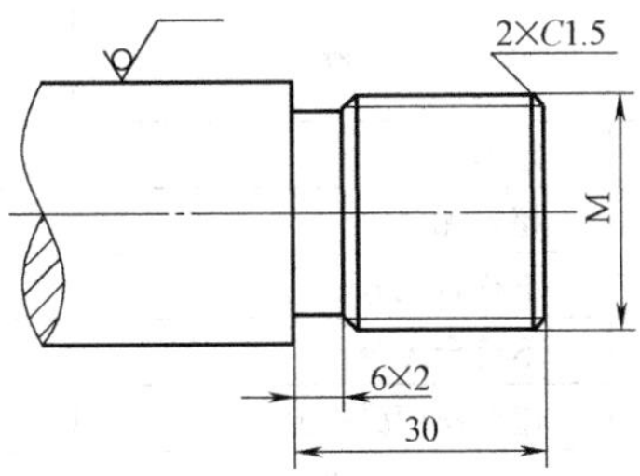

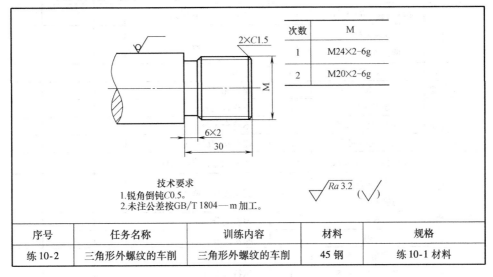

次数	M
1	M24×2-6g
2	M20×2-6g

技术要求
1.锐角倒钝C0.5。
2.未注公差按GB/T 1804—m 加工。

Ra 3.2 （√）

序号	任务名称	训练内容	材料	规格
练 10-2	三角形外螺纹的车削	三角形外螺纹的车削	45 钢	练 10-1 材料

图 10-16 三角形外螺纹的巩固训练

5. 检测与评分

工件加工结束后对其进行检测，并对工件进行误差测量与质量分析，将结果填入表 10-4。

表 10-4 三角形外螺纹的车削训练与巩固训练评分表（单位：mm）

班级		姓名		学号		加工日期	
任务内容		三角形外螺纹的车削		任务序号		练 10-1、练 10-2	
检测项目		检测内容	配分	评分标准	自测	教师检测	得分
1	螺纹	$\phi27_{-0.26}^{\ 0}$ Ra 3.2μm	4，1	超差无分，降级无分			
		M27×2-6g 两侧 Ra 3.2μm	8，4	超差无分，降级无分			
	槽	6×2	4	超差无分			
	长度	30	4	超差无分			
	其他	倒角 C1.5	2	不符合无分			
		锐角倒钝 C0.5	1	不符合无分			
		安全文明实习	5	违章视情况扣分			

（续）

班级		姓名		学号		加工日期	
任务内容		三角形外螺纹的车削		任务序号		练 10-1、练 10-2	
检测项目		检测内容	配分	评分标准	自测	教师检测	得分
2	螺纹	$\phi24_{-0.26}^{\ 0}$ *Ra* 3.2μm	4，1	超差无分，降级无分			
		M24×2-6g 两侧 *Ra* 3.2μm	8，4	超差无分，降级无分			
	槽	6×2	4	超差无分			
	长度	30	4	超差无分			
	其他	倒角 C1.5	2	不符合无分			
		锐角倒钝 C0.5	1	不符合无分			
		安全文明实习	5	违章视情况扣分			
3	螺纹	$\phi20_{-0.26}^{\ 0}$ *Ra* 3.2μm	5，1	超差无分，降级无分			
		M20×2-6g 两侧 *Ra* 3.2μm	8，4	超差无分，降级无分			
	槽	6×2	4	超差无分			
	长度	30	4	超差无分			
	其他	倒角 C1.5	2	不符合无分			
		锐角倒钝 C0.5	1	不符合无分			
		安全文明实习	5	违章视情况扣分			
总配分			100	总得分			

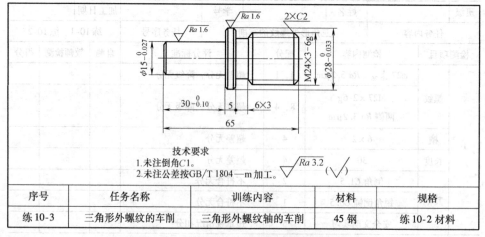

任务三　技能拓展训练

1. 拓展训练（图 10-17）

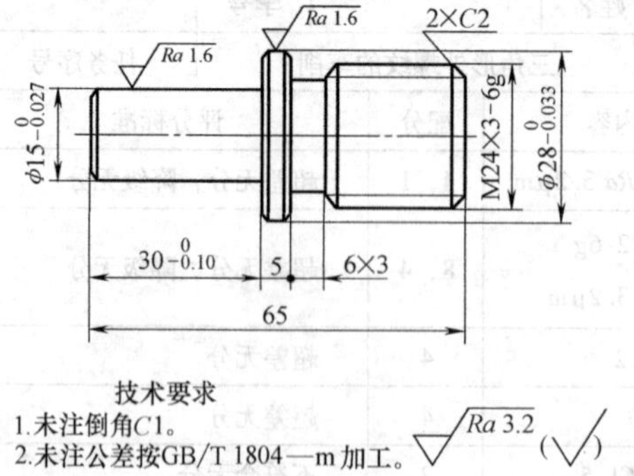

序号	任务名称	训练内容	材料	规格
练 10-3	三角形外螺纹的车削	三角形外螺纹轴的车削	45 钢	练 10-2 材料

图 10-17　车削三角形外螺纹的拓展训练

2. 工具、量具的准备（表10-5）

表10-5 车削三角形外螺纹拓展训练的工具、量具清单

类别	序号	名称	规格	分度值/mm	数量	备注
量具	1	外径千分尺	0~25mm，25~50mm	0.01	各1	
	2	游标卡尺	0~150mm	0.02	1	
	3	螺纹量规	M24×3	6g	1	
刃具	1	90°外圆车刀	刀杆25mm×25mm	—	1	
	2	45°端面车刀	刀杆25mm×25mm	—	1	
	3	切槽刀	刀宽4~5mm，$L>30$mm	—	1	
	4	三角形螺纹车刀	$P=3$mm	—	1	
	5	中心钻	B3/10	—	1	
工具	1	卡盘扳手	—	—	1	
	2	刀架扳手	—	—	1	
	3	加力杆	—	—	1	
	4	回转顶尖	莫氏锥度No.5	—	1	
	5	钻夹头	莫氏锥度No.5，1~13mm	—	1	
	6	铁屑钩子	—	—	1	
	7	油壶	—	—	1	
	8	刷子	—	—	1	
	9	垫刀片	—	—	若干	
	10	螺钉旋具	一字，十字	—	各1	
	11	螺纹样板	60°	—	1	
材料	1	45钢	练10-2材料	—	1	
设备	1	车床	CA6140	—	1	

3. 检测与评分

工件加工结束后对其进行检测，并对工件进行误差测量与质量分析，将结果填入表10-6。

表 10-6　车削三角形外螺纹的拓展训练评分表　（单位：mm）

班级		姓名		学号		加工日期	
任务内容		三角形螺纹轴		任务序号		练 10-3	
检测项目		检测内容	配分	评分标准	自测	教师检测	得分
外圆	1	$\phi15^{\ 0}_{-0.027}$　*Ra* 1.6μm	6，2	超差 0.01 扣 2 分，降级无分			
	2	$\phi28^{\ 0}_{-0.033}$　*Ra* 1.6μm	6，2	超差 0.01 扣 2 分，降级无分			
螺纹	3	$\phi24^{\ 0}_{-0.39}$　*Ra* 3.2μm	3，1	超差无分，降级无分			
	4	M24×3-6g 两侧 *Ra* 3.2μm	8，4	超差无分，降级无分			
长度	5	65	3	超差无分			
	6	$30^{\ 0}_{-0.10}$	4	超差无分			
	7	5，6×3	2，2	超差无分			
其他	8	倒角 *C*1　倒角 *C*2	2	不符合无分			
	9	安全文明实习	5	违章视情况扣分			
总配分			50	总得分			

思考与练习

1. 计算 M24×3 普通外螺纹的大径、中径、小径、螺距及牙型高。
2. 三角形外螺纹车刀是如何刃磨和安装的？
3. 三角形外螺纹的测量方法有哪些？
4. 试述三角形外螺纹的车削过程。

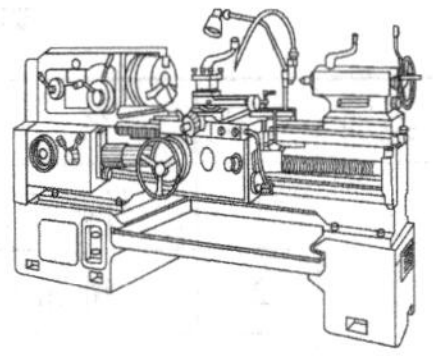

项目十一

初级考核综合训练

学习目标：

1. 掌握工件加工工艺的编制方法。
2. 了解粗、精加工的方法与应用。
3. 掌握综合件的加工方法。

任务一　车削三角形螺纹轴（一）

一、加工图样（图 11-1）

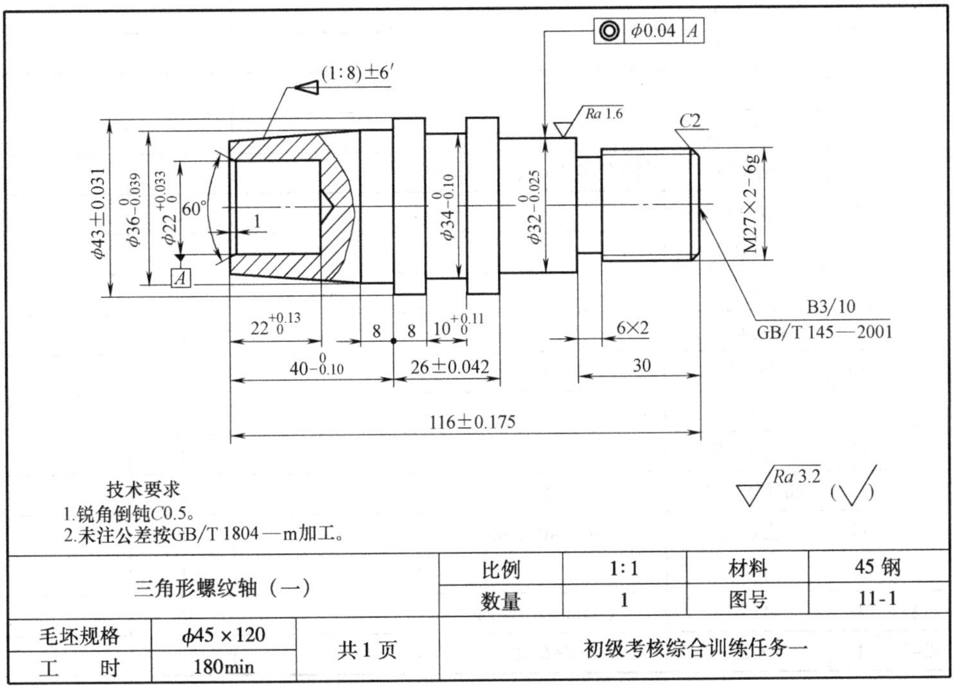

三角形螺纹轴（一）		比例	1:1	材料	45 钢
		数量	1	图号	11-1
毛坯规格	φ45×120	共1页	初级考核综合训练任务一		
工　时	180min				

图 11-1　初级考核综合训练任务一

二、工具、量具、刃具清单（表11-1）

表11-1　车削三角形螺纹轴的工具、量具、刃具清单

类别	序号	名　称	规　格	分度值/mm	数量	备注
量具	1	外径千分尺	0～25mm，25～50mm	0.01	各1	
	2	游标卡尺	0～150mm	0.02	1	
	3	深度卡尺	0～200mm	0.02	1	
	4	游标万能角度尺	0°～320°	2′	1	
	5	螺纹量规	M27×2	6g	1	
	6	光面塞规	ϕ22mm	H8	1	
刃具	1	90°外圆车刀	刀杆25mm×25mm	—	1	
	2	45°端面车刀	刀杆25mm×25mm	—	1	
	3	切槽刀	刀宽4～5mm，$L>30$mm	—	1	
	4	不通孔车刀	$D\geqslant\phi18$mm，$L\leqslant30$mm	—	1	
	5	三角形外螺纹车刀	$P=2$mm	—	1	
	6	麻花钻	ϕ20mm，莫氏锥度No.5	—	1	
	7	中心钻	B3/10	—	1	
工具	1	卡盘扳手	—	—	1	
	2	刀架扳手	—	—	1	
	3	加力杆	—	—	1	
	4	回转顶尖	莫氏锥度No.5	—	1	
	5	钻夹头	莫氏锥度No.5，1～13mm	—	1	
	6	铁屑钩子	—	—	1	
	7	油壶	—	—	1	
	8	刷子	—	—	1	
	9	螺钉旋具	一字，十字	—	各1	
	10	垫刀片	—	—	若干	
	11	活扳手	12″	—	1	
	12	鸡心夹头	—	—	1	
	13	60°固定顶尖	自制	—	1	
	14	螺纹样板	30°、40°、60°	—	1	
	15	计算器	—	—	1	
材料	1	45钢	ϕ45mm×120mm	—	1	
设备	1	车床	CA6140	—	1	

三、加工工艺分析

1）装夹毛坯工件外圆，伸出85mm左右，找正夹紧。

① 车削端面，钻中心孔，一夹一顶装夹。

② 依次粗车外圆至ϕ44mm，长80mm；ϕ33mm，长49.5mm；ϕ28mm，长29.5mm。

③ 精车M27×2外圆，粗、精车退刀槽6mm×2mm。

④ 倒角$C2$。

⑤ 粗、精车M27×2-6g。

2）工件掉头，装夹ϕ44mm外圆，长25mm左右，找正夹紧。

① 车削端面，保证总长（116±0.175）mm，钻中心孔。

② 钻ϕ20mm中心孔，长21mm。

③ 粗、精车孔$\phi22^{+0.033}_{0}$mm，长$22^{+0.13}_{0}$mm，孔口倒角1×60°。

④ 一夹一顶装夹（夹ϕ33mm，长12mm）。

⑤ 粗车外圆至ϕ37mm，长39.5mm。

⑥ 精车外圆$\phi36^{0}_{-0.039}$mm，长$40^{0}_{-0.10}$mm；（ϕ43±0.031）mm，长26.5mm左右。

⑦ 粗、精车锥度（1∶8）±6′，保证长度8mm。

⑧ 用车槽刀车准（26±0.042）mm。

⑨ 粗、精车槽$\phi34^{0}_{-0.10}$mm×$10^{+0.11}_{0}$mm，保证宽8mm。

⑩ 去毛刺，锐角倒钝$C0.5$。

3）两顶尖装夹。

① 精车$\phi32^{0}_{-0.025}$mm。

② 去毛刺，锐角倒钝$C0.5$。

4）检验。

四、车削三角形螺纹轴时的注意事项

1）加工工件前要准备充分，工具、量具、刃具有序摆放，检查工件毛坯的外圆与长度是否符合要求。

2）装夹前，应计算各部分的尺寸，避免因工件装夹不正确而无法加工。

3）加工工件时，粗、精车应分开，各加工部分要选用合适的刀具与合理的转速。

4）螺纹加工结束后，要及时打开开合螺母，防止发生安全事故。

5）两顶尖装夹时，自制前顶尖要车削一刀，修整锥面，鸡心夹头装夹要牢靠；前、后顶尖与工件中心孔之间的配合松紧程度必须合适。

五、评分标准（表11-2）

表11-2　初级考核综合训练任务一评分表　　（单位：mm）

初级考核综合训练任务一评分表

班级　　　　学号　　　　姓名

检测项目		技术要求	配分	评分标准	检测结果	得分
外圆	1	$\phi43\pm0.031$，Ra 3.2μm	6，2	超差0.01扣2分，降级无分		
	2	$\phi36_{-0.039}^{\ 0}$，Ra 3.2μm	6，2	超差0.01扣2分，降级无分		
	3	$\phi32_{-0.025}^{\ 0}$，Ra 1.6μm	6，3	超差0.01扣2分，降级无分		
	4	$\phi34_{-0.10}^{\ 0}$，Ra 3.2μm	5，2	超差0.01扣2分，降级无分		
三角形螺纹	5	$\phi27_{-0.26}^{\ 0}$	2	超差无分		
	6	M27×2-6g，牙型两侧 Ra 3.2μm	8，4	超差无分，降级无分		
	7	牙型角60°	1	不符合无分		
锥度	8	（1∶8）±6′，Ra 3.2μm	8，2	超差2′扣2分，降级无分		
孔	9	$\phi22_{\ 0}^{+0.033}$，Ra 3.2μm	6，2	超差0.01扣2分，降级无分		
	10	$22_{\ 0}^{+0.13}$	3	超差无分		
沟槽	11	$10_{\ 0}^{+0.11}$，两侧 Ra 3.2μm	3，2	超差无分，降级无分		
	12	8	1	超差无分		
	13	6×2	1	超差无分		
长度	14	116±0.175，两端 Ra 3.2μm	3，2	超差无分，降级无分		
	15	$40_{-0.10}^{\ 0}$	2	超差无分		
	16	26±0.042	2	超差无分		
	17	8，30	1，1	超差无分		
其他	18	◎ | $\phi0.04$ | A	4	超差无分		
	19	倒角1×60°，$C2$	2	不符合无分		
	20	锐角倒钝 $C0.5$，中心孔	3	不符合无分		
	21	安全文明实习	5	违反规定视情况扣分		
总配分			100	总得分		

任务名称：车削三角形螺纹轴（一）		图号：11-1	加工日期　年　月　日
加工开始　时　分	停工时间　分钟	加工时间	备注：
加工结束　时　分	停工原因	实际时间	

任务二　车削三角形螺纹轴（二）

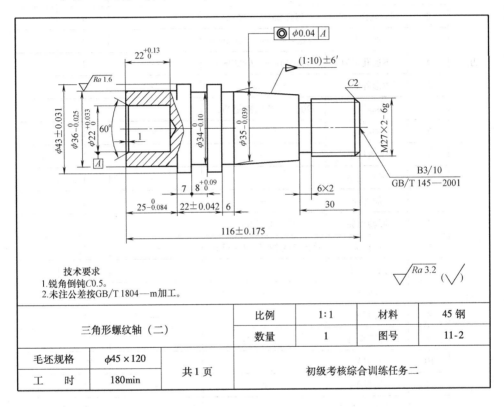

一、加工图样（图 11-2）

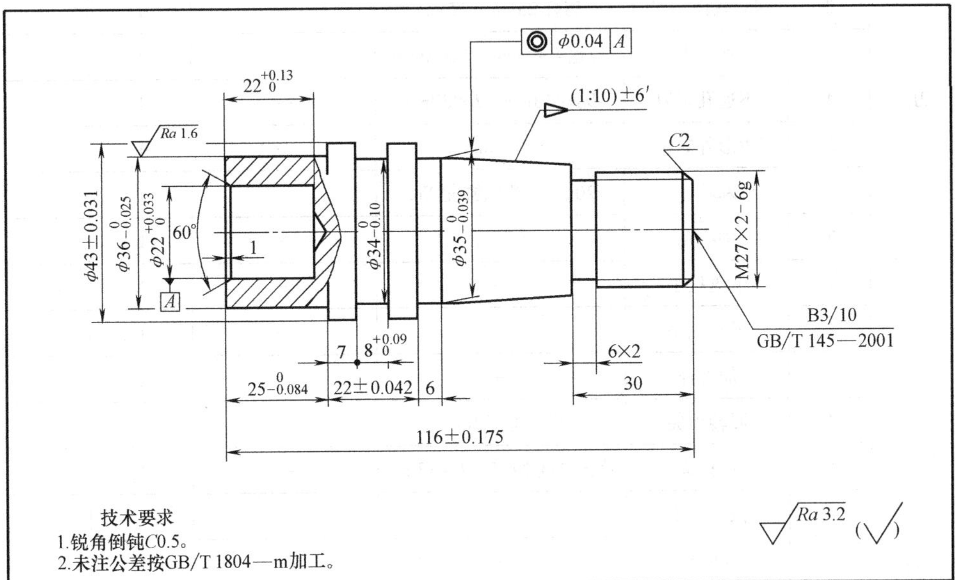

三角形螺纹轴（二）		比例	1:1	材料	45 钢
		数量	1	图号	11-2
毛坯规格	φ45×120	共 1 页	初级考核综合训练任务二		
工　　时	180min				

图 11-2　初级考核综合训练任务二

二、工具、量具、刃具清单（表 11-3）

表 11-3　车削三角形螺纹轴的工具、量具、刃具清单

类别	序号	名　称	规　格	分度值/mm	数量	备注
量具	1	外径千分尺	0～25mm，25～50mm	0.01	各 1	
	2	游标卡尺	0～150mm	0.02	1	
	3	深度卡尺	0～200mm	0.02	1	
	4	游标万能角度尺	0°～320°	2′	1	

（续）

类别	序号	名　　称	规　　格	分度值/mm	数量	备注
量具	5	螺纹量规	M27×2	6g	1	
	6	光面塞规	ϕ22mm	H8	1	
刃具	1	90°外圆车刀	刀杆25mm×25mm	—	1	
	2	45°端面车刀	刀杆25mm×25mm	—	1	
	3	切槽刀	刀宽4～5mm，$L>30$mm	—	1	
	4	不通孔车刀	$D\geqslant\phi18$mm，$L\leqslant30$mm	—	1	
	5	三角形外螺纹刀	$P=2$mm	—	1	
	6	麻花钻	ϕ20mm，莫氏锥度No.5	—	1	
	7	中心钻	B3/10	—	1	
工具	1	卡盘扳手	—	—	1	
	2	刀架扳手	—	—	1	
	3	加力杆	—	—	1	
	4	回转顶尖	莫氏锥度No.5	—	1	
	5	钻夹头	莫氏锥度No.5，1～13mm	—	1	
	6	铁屑钩子	—	—	1	
	7	油壶	—	—	1	
	8	刷子	—	—	1	
	9	螺钉旋具	一字，十字	—	各1	
	10	垫刀片	—	—	若干	
	11	活扳手	12″	—	1	
	12	鸡心夹头	—	—	1	
	13	60°固定顶尖	自制	—	1	
	14	螺纹样板	30°、40°、60°	—	1	
	15	计算器	—	—	1	
材料	1	45钢	ϕ45mm×120mm	—	1	
设备	1	车床	CA6140	—	1	

三、加工工艺分析

1）装夹毛坯工件外圆，伸出85mm左右，找正夹紧。

① 车削端面，钻中心孔，一夹一顶装夹。

② 粗车外圆至 ϕ36mm，长 68.5mm；ϕ28mm，长 29.5mm。

③ 精车 M27×2 外圆，粗、精车退刀槽 6mm×2mm。

④ 倒角 $C2$。

⑤ 粗、精车 M27×2-6g。

2）工件掉头，装夹 ϕ36mm 外圆，长 30mm 左右，找正夹紧。

① 车削端面，保证总长（116±0.175）mm，钻中心孔。

② 钻 ϕ20mm 中心孔，长 21mm。

③ 粗、精车孔 $\phi 22^{+0.033}_{0}$mm，长 $22^{+0.13}_{0}$mm，孔口倒角 1×60°。

④ 一夹一顶装夹，粗车外圆至 ϕ44mm，长 47.5mm 左右；ϕ37mm，长 24.5mm。

⑤ 精车外圆 $\phi 36^{0}_{-0.025}$mm，长 $25^{0}_{-0.084}$mm；（ϕ43±0.031）mm，长 22.5mm 左右。

⑥ 用车槽刀保证长度（22±0.042）mm。

⑦ 粗、精车槽 $\phi 34^{0}_{-0.10}$mm×$8^{+0.09}_{0}$mm，保证宽 7mm。

⑧ 去毛刺，锐角倒钝 $C0.5$。

3）两顶尖装夹。

① 精车 $\phi 35^{0}_{-0.039}$mm。

② 粗、精车锥度（1:10）±6′，保证长度 6mm。

③ 去毛刺，锐角倒钝 $C0.5$。

4）检验。

四、车削三角形螺纹轴时的注意事项

1）加工工件前要准备充分，工具、量具、刃具有序摆放，检查工件毛坯的外圆与长度是否符合要求。

2）装夹前，应计算各部分的尺寸，避免因工件装夹不正确而无法加工。

3）加工工件时，粗、精车应分开，各加工部分要选用合适的刀具与合理的转速。

4）螺纹加工结束后，要及时打开开合螺母，防止发生安全事故。

5）两顶尖装夹时，自制前顶尖要车削一刀，修整锥面，鸡心夹头装夹要牢靠；前、后顶尖与工件中心孔之间的配合松紧程度必须合适。

五、评分标准（表11-4）

表11-4　初级考核综合训练任务二评分表　（单位：mm）

初级考核综合训练任务二评分表

班级　　　　学号　　　　姓名

检测项目		技术要求	配分	评分标准	检测结果	得分
外圆	1	$\phi43\pm0.031$，$Ra\ 3.2\mu m$	6，2	超差0.01扣2分，降级无分		
	2	$\phi36_{-0.025}^{\ 0}$，$Ra\ 1.6\mu m$	6，3	超差0.01扣2分，降级无分		
	3	$\phi35_{-0.039}^{\ 0}$，$Ra\ 3.2\mu m$	6，2	超差0.01扣2分，降级无分		
	4	$\phi34_{-0.10}^{\ 0}$，$Ra\ 3.2\mu m$	5，2	超差0.01扣2分，降级无分		
三角形螺纹	5	$\phi27_{-0.26}^{\ 0}$	2	超差无分		
	6	M27×2-6g，牙型两侧 $Ra\ 3.2\mu m$	8，4	超差无分，降级无分		
	7	牙型角60°	1	不符合无分		
锥度	8	（1∶10）±6′，$Ra\ 3.2\mu m$	8，2	超差2′扣2分，降级无分		
孔	9	$\phi22_{\ 0}^{+0.033}$，$Ra\ 3.2\mu m$	6，2	超差0.01扣2分，降级无分		
	10	$22_{\ 0}^{+0.13}$	3	超差无分		
沟槽	11	$8_{\ 0}^{+0.09}$，两侧 $Ra\ 3.2\mu m$	3，2	超差无分，降级无分		
	12	7	1	超差无分		
	13	6×2	1	超差无分		
长度	14	116 ± 0.175，两端 $Ra\ 3.2\mu m$	3，2	超差无分，降级无分		
	15	$25_{-0.084}^{\ 0}$	2	超差无分		
	16	22 ± 0.042	2	超差无分		
	17	6，30	1，1	超差无分		
其他	18	◎ | $\phi0.04$ | A	4	超差无分		
	19	倒角1×60°，$C2$	2	不符合无分		
	20	锐角倒钝，$C0.5$，中心孔	3	不符合无分		
	21	安全文明实习	5	违反规定视情况扣分		
总配分			100	总得分		

任务名称：车削三角形螺纹轴（二）		图号：11-2	加工日期　年　月　日
加工开始　时　分	停工时间　分钟	加工时间	备注：
加工结束　时　分	停工原因	实际时间	

任务三　车削三角形螺纹轴（三）

一、加工图样（图11-3）

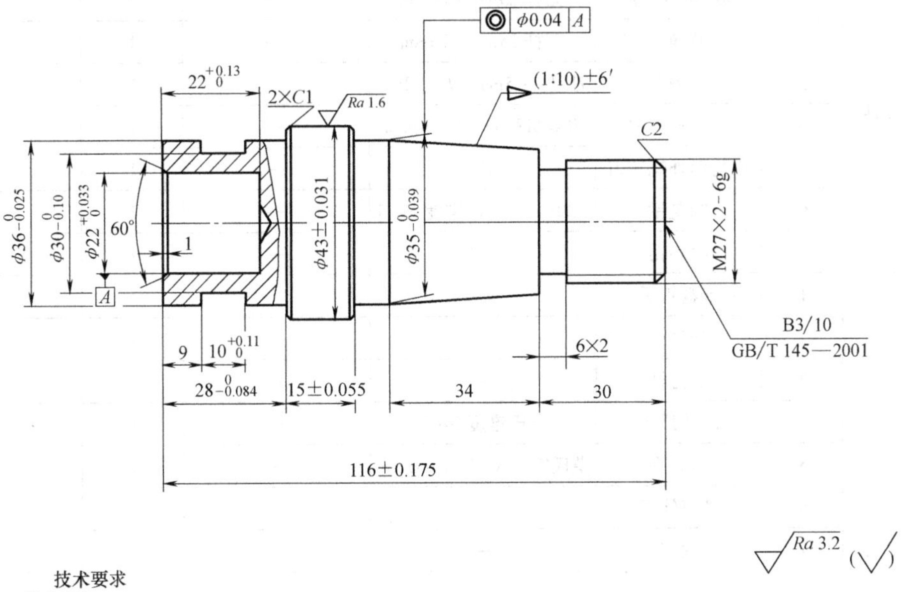

技术要求
1.锐角倒钝C0.5。
2.未注公差按GB/T 1804—m加工。

三角形螺纹轴（三）		比例	1:1	材料	45钢
		数量	1	图号	11-3
毛坯规格	φ45×120	共1页	初级考核综合训练任务三		
工　时	180min				

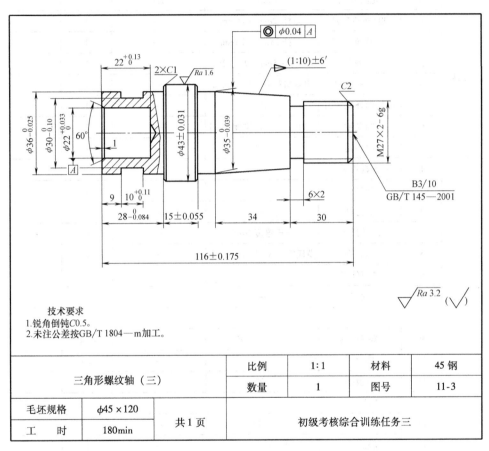

图11-3　初级考核综合训练任务三

二、工具、量具、刃具清单（表11-5）

表11-5　车削三角形螺纹轴的工具、量具、刃具清单

类别	序号	名　称	规　格	分度值/mm	数量	备注
量具	1	外径千分尺	0～25mm，25～50mm	0.01	各1	
	2	游标卡尺	0～150mm	0.02	1	
	3	深度卡尺	0～200mm	0.02	1	

（续）

类别	序号	名　称	规　格	分度值/mm	数量	备注
量具	4	游标万能角度尺	0°~320°	2′	1	
	5	螺纹量规	M27×2	6g	1	
	6	光面塞规	ϕ22mm	H8	1	
刃具	1	90°外圆车刀	刀杆 25mm×25mm	—	1	
	2	45°端面车刀	刀杆 25mm×25mm	—	1	
	3	切槽刀	刀宽 4~5mm，$L>30$mm	—	1	
	4	不通孔车刀	$D\geqslant\phi$18mm，$L\leqslant30$mm	—	1	
	5	三角形外螺纹刀	P2	—	1	
	6	麻花钻	ϕ20mm，莫氏锥度 No.5	—	1	
	7	中心钻	B3/10	—	1	
工具	1	卡盘扳手	—	—	1	
	2	刀架扳手	—	—	1	
	3	加力杆	—	—	1	
	4	回转顶尖	莫氏锥度 No.5	—	1	
	5	钻夹头	莫氏锥度 No.5，1~13mm	—	1	
	6	铁屑钩子	—	—	1	
	7	油壶	—	—	1	
	8	刷子	—	—	1	
	9	螺钉旋具	一字，十字	—	各1	
	10	垫刀片	—	—	若干	
	11	活扳手	12″	—	1	
	12	鸡心夹头	—	—	1	
	13	60°固定顶尖	自制	—	1	
	14	螺纹样板	30°、40°、60°	—	1	
	15	计算器	—	—	1	
材料	1	45 钢	ϕ45mm×120mm	—	1	
设备	1	车床	CA6140	—	1	

三、加工工艺分析

1）装夹毛坯工件外圆，伸出 85mm 左右，找正夹紧。

① 车削端面，钻中心孔，一夹一顶装夹。

② 粗车外圆至 ϕ36mm，长 72.5mm；ϕ28mm，长 29.5mm。

③ 精车 M27×2 外圆，粗、精车退刀槽 6mm×2mm。

④ 倒角 $C2$。

⑤ 粗、精车 M27×2-6g。

2）工件掉头，装夹 ϕ36mm 外圆，长 30mm 左右，找正夹紧。

① 车削端面，保证总长（116±0.175）mm。

② 钻 ϕ20mm 中心孔，长 21mm。

③ 粗、精车孔 $\phi22^{+0.033}_{0}$mm，长 $22^{+0.13}_{0}$mm，孔口倒角 1×60°。

④ 一夹一顶装夹，粗车外圆至 ϕ44mm，长 43.5mm 左右；ϕ37mm，长 27.5mm。

⑤ 精车外圆 $\phi36^{0}_{-0.025}$mm，长 $28^{0}_{-0.084}$mm；（ϕ43±0.031）mm，长 15.5mm 左右。

⑥ 用车槽刀保证（15±0.055）mm。

⑦ 粗、精车槽 $\phi30^{0}_{-0.10}$mm×$10^{+0.11}_{0}$mm，保证宽 9mm。

⑧ 倒角 $C1$，去毛刺，锐角倒钝 $C0.5$。

3）两顶尖装夹。

① 精车 $\phi35^{0}_{-0.039}$mm。

② 粗、精车锥度（1∶10）±6′，保证圆锥长度 34mm。

③ 去毛刺，锐角倒钝 $C0.5$。

4）检验。

四、车削三角形螺纹时的注意事项

1）加工工件前要准备充分，工具、量具、刃具有序摆放，检查工件毛坯的外圆与长度是否符合要求。

2）加工工件时，粗、精车应分开，各加工部分要选用合适的刀具与合理的转速。

3）加工工件时，要充分利用大、中、小滑板的刻度，提高计算能力及车削速度。

4）螺纹加工结束后，要及时打开开合螺母，防止发生安全事故。

5）两顶尖装夹时，自制前顶尖要车削一刀，修整锥面，鸡心夹头装夹要牢靠；前、后顶尖与工件中心孔之间的配合松紧程度必须合适。

五、评分标准（表11-6）

表11-6 初级考核综合训练任务三评分表 （单位：mm）

初级考核综合训练任务三评分表

班级　　　　学号　　　　姓名

检测项目		技术要求	配分	评分标准	检测结果	得分
外圆	1	$\phi 43 \pm 0.031$，$Ra\ 1.6\mu m$	6，3	超差0.01扣2分，降级无分		
	2	$\phi 36_{-0.025}^{0}$，$Ra\ 3.2\mu m$	6，2	超差0.01扣2分，降级无分		
	3	$\phi 35_{-0.039}^{0}$，$Ra\ 3.2\mu m$	6，2	超差0.01扣2分，降级无分		
	4	$\phi 30_{-0.10}^{0}$，$Ra\ 3.2\mu m$	5，2	超差0.01扣2分，降级无分		
三角形螺纹	5	$\phi 27_{-0.26}^{0}$	2	超差无分		
	6	M27×2-6g，牙型两侧 $Ra\ 3.2\mu m$	8，4	超差无分，降级无分		
	7	牙型角60°	1	不符合无分		
锥度	8	（1:10） ±6′，$Ra\ 3.2\mu m$	8，2	超差2′扣2分，降级无分		
孔	9	$\phi 22_{0}^{+0.033}$，$Ra\ 3.2\mu m$	6，2	超差0.01扣2分，降级无分		
	10	$22_{0}^{+0.13}$	3	超差无分		
沟槽	11	$10_{0}^{+0.11}$，两侧 $Ra\ 3.2\mu m$	3，2	超差无分，降级无分		
	12	9	1	超差无分		
	13	6×2	1	超差无分		
长度	14	116±0.175，两端 $Ra\ 3.2\mu m$	3，2	超差无分，降级无分		
	15	$28_{-0.084}^{0}$	2	超差无分		
	16	15±0.055	2	超差无分		
	17	34，30	1，1	超差无分		
其他	18	◎ | $\phi 0.04$ | A	4	超差无分		
	19	倒角1×60°，2×C1，C2	2	不符合无分		
	20	锐角倒钝C0.5，中心孔	3	不符合无分		
	21	安全文明实习	5	违反规定视情况扣分		
总配分			100	总得分		

任务名称：车削三角形螺纹轴（三）		图号：11-3	加工日期　　年　月　日
加工开始　　时　分	停工时间　　分钟	加工时间	备注：
加工结束　　时　分	停工原因	实际时间	

任务四　车削三角形螺纹轴（四）

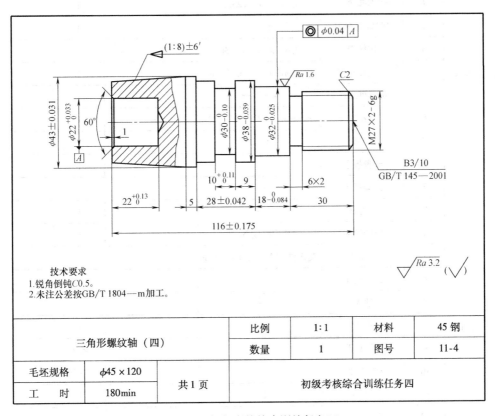

一、加工图样（图 11-4）

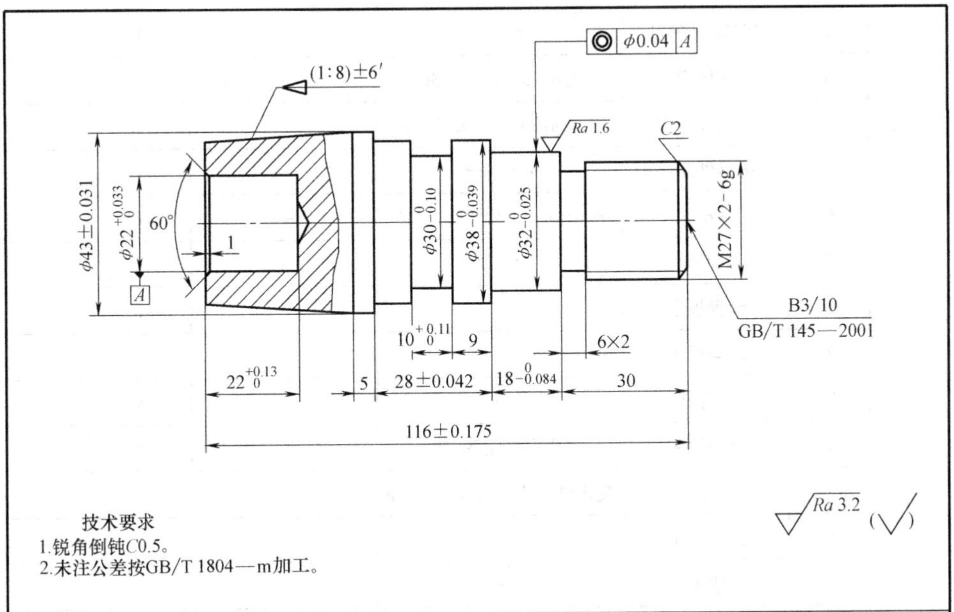

<table>
<tr><td colspan="3" rowspan="2">三角形螺纹轴（四）</td><td>比例</td><td>1:1</td><td>材料</td><td>45 钢</td></tr>
<tr><td>数量</td><td>1</td><td>图号</td><td>11-4</td></tr>
<tr><td>毛坯规格</td><td>φ45×120</td><td rowspan="2">共 1 页</td><td colspan="4" rowspan="2">初级考核综合训练任务四</td></tr>
<tr><td>工　　时</td><td>180min</td></tr>
</table>

图 11-4　初级考核综合训练任务四

二、工具、量具、刃具清单（表 11-7）

表 11-7　车削三角形螺纹轴的工具、量具、刃具清单

类别	序号	名　　称	规　　格	分度值/mm	数量	备注
量具	1	外径千分尺	0～25mm，25～50mm	0.01	各 1	
	2	游标卡尺	0～150mm	0.02	1	
	3	深度卡尺	0～200mm	0.02	1	
	4	游标万能角度尺	0°～320°	2′	1	

（续）

类别	序号	名　称	规　格	分度值/mm	数量	备注
量具	5	螺纹量规	M27×2	6g	1	
	6	光面塞规	ϕ22	H8	1	
刀具	1	90°外圆车刀	刀杆 25mm×25mm	—	1	
	2	45°端面车刀	刀杆 25mm×25mm	—	1	
	3	切槽刀	刀宽 4~5mm，$L>30$mm	—	1	
	4	不通孔车刀	$D\geqslant\phi$18mm，$L\leqslant$30mm	—	1	
	5	三角形外螺纹刀	$P=2$mm	—	1	
	6	麻花钻	ϕ20mm，莫氏锥度 No. 5	—	1	
	7	中心钻	B3/10	—	1	
工具	1	卡盘扳手	—	—	1	
	2	刀架扳手	—	—	1	
	3	加力杆	—	—	1	
	4	回转顶尖	莫氏锥度 No. 5	—	1	
	5	钻夹头	莫氏锥度 No. 5，1~13mm	—	1	
	6	铁屑钩子	—	—	1	
	7	油壶	—	—	1	
	8	刷子	—	—	1	
	9	螺钉旋具	一字，十字	—	各1	
	10	垫刀片	—	—	若干	
	11	活扳手	12″	—	1	
	12	鸡心夹头	—	—	1	
	13	60°固定顶尖	自制	—	1	
	14	螺纹样板	30°、40°、60°	—	1	
	15	计算器	—	—	1	
材料	1	45 钢	ϕ45mm×120mm		1	
设备	1	车床	CA6140	—	1	

三、加工工艺分析

1）装夹毛坯工件外圆，伸出 60mm 左右，找正夹紧。

① 车削端面，钻中心孔。

② 钻 ϕ20mm 中心孔，长 21mm。

③ 粗、精车孔 $\phi22^{+0.033}_{0}$mm，长 $22^{+0.13}_{0}$mm。

④ 孔口倒角 1×60°。

⑤ 粗车外圆至 ϕ44mm，长度 50mm 左右。

2）工件掉头，夹 ϕ44mm 外圆，长 35mm 左右，找正夹紧。

① 车削端面，保证总长（116±0.175）mm，钻中心孔，一夹一顶装夹。

② 依次粗车外圆至 ϕ39mm，长 75.5mm；ϕ33mm，长 47.5mm；ϕ28mm，长 29.5mm。

③ 精车 M27×2 外圆，长 30mm；半精车 ϕ33mm 至 ϕ32.5mm，长 $18^{0}_{-0.084}$mm；精车外圆 $\phi38^{0}_{-0.039}$mm，长（28±0.042）mm。

④ 粗、精车槽 $\phi34^{0}_{-0.10}\times10^{+0.11}_{0}$ mm，保证宽 9mm；粗、精车退刀槽 6mm×2mm。

⑤ 倒角 $C2$，去毛刺，锐角倒钝 $C0.5$。

⑥ 粗精车 M27×2-6g。

3）两顶尖装夹。

① 精车外圆 $\phi32^{0}_{-0.025}$mm；（ϕ43±0.031）mm。

② 粗、精车锥度（1:8）±6′，保证长 5mm。

③ 去毛刺，锐角倒钝 $C0.5$。

4）检验。

四、车削三角形螺纹的注意事项

1）加工工件前要准备充分，工具、量具、刃具有序摆放，检查工件毛坯的外圆与长度是否符合要求。

2）加工工件时，粗、精车应分开，各加工部分要选用合适的刀具与合理的转速。

3）加工工件时，要充分利用大、中、小滑板的刻度，提高计算能力及车削速度。

4）螺纹加工结束后，要及时打开开合螺母，防止发生安全事故。

5）两顶尖装夹时，自制前顶尖要车削一刀，修整锥面，鸡心夹头装夹要牢靠；前、后顶尖与工件中心孔之间的配合松紧程度必须合适。

五、评分标准（表 11-8）

表 11-8　初级考核综合训练任务四评分表　（单位：mm）

初级考核综合训练任务四评分表

班级　　　　学号　　　　姓名

检测项目		技术要求	配分	评分标准	检测结果	得分
外圆	1	$\phi43\pm0.031$，Ra 3.2μm	6，2	超差 0.01 扣 2 分，降级无分		
	2	$\phi38^{\ 0}_{-0.039}$，Ra 3.2μm	6，2	超差 0.01 扣 2 分，降级无分		
	3	$\phi32^{\ 0}_{-0.025}$，Ra 1.6μm	6，3	超差 0.01 扣 2 分，降级无分		
	4	$\phi30^{\ 0}_{-0.10}$，Ra 3.2μm	5，2	超差 0.01 扣 2 分，降级无分		
三角形螺纹	5	$\phi27^{\ 0}_{-0.26}$	2	超差无分		
	6	M27×2-6g，牙型两侧 Ra 3.2μm	8，4	超差无分，降级无分		
	7	牙型角 60°	1	不符合无分		
锥度	8	（1:8）±6′，Ra 3.2μm	8，2	超差 2′扣 2 分，降级无分		
孔	9	$\phi22^{+0.033}_{\ 0}$，Ra 3.2μm	6，2	超差 0.01 扣 2 分，降级无分		
	10	$22^{+0.13}_{\ 0}$	3	超差无分		
沟槽	11	$10^{+0.11}_{\ 0}$，两侧 Ra 3.2μm	3，2	超差无分，降级无分		
	12	9	1	超差无分		
	13	6×2	1	超差无分		
长度	14	116±0.175，两端 Ra 3.2μm	3，2	超差无分，降级无分		
	15	$18^{\ 0}_{-0.084}$	2	超差无分		
	16	28±0.042	2	超差无分		
	17	5，30	1，1	超差无分		
其他	18	◎ | φ0.04 | A	4	超差无分		
	19	倒角 1×60°，C2	2	不符合无分		
	20	锐角倒钝 C0.5，中心孔	3	不符合无分		
	21	安全文明实习	5	违反规定视情况扣分		
总配分			100	总得分		

任务名称：车削三角形螺纹轴（四）		图号：11-4	加工日期　年　月　日
加工开始　时　分	停工时间　分钟	加工时间	备注：
加工结束　时　分	停工原因	实际时间	

任务五　车削三角形螺纹轴（五）

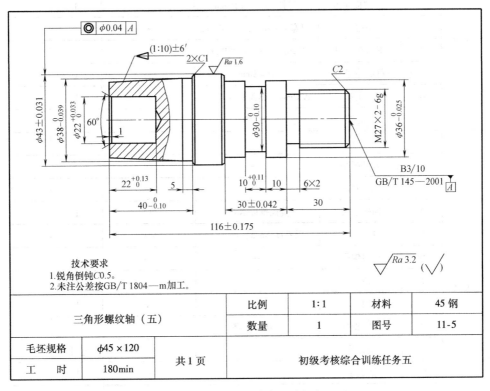

一、加工图样（图11-5）

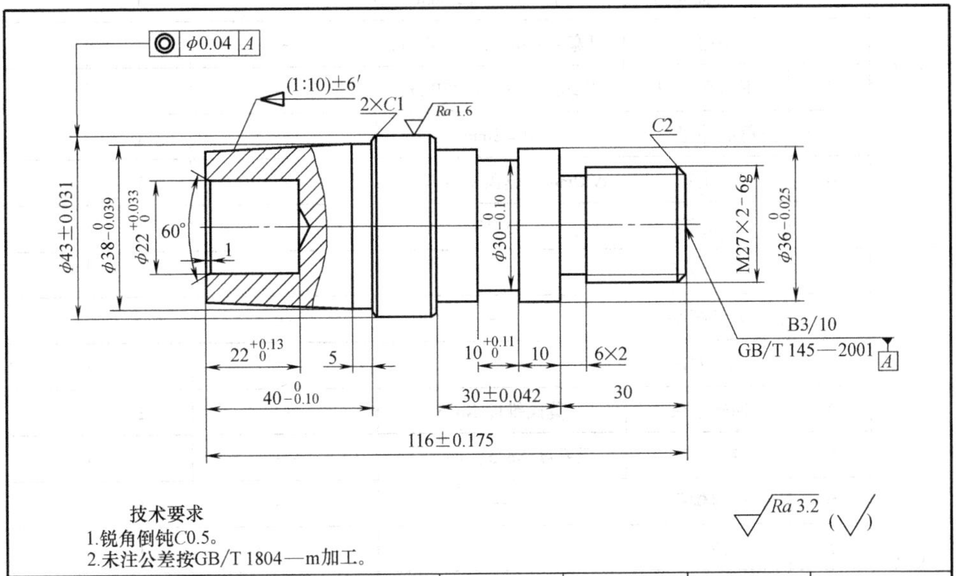

<table>
<tr><td colspan="3" rowspan="2">三角形螺纹轴（五）</td><td>比例</td><td>1:1</td><td>材料</td><td>45 钢</td></tr>
<tr><td>数量</td><td>1</td><td>图号</td><td>11-5</td></tr>
<tr><td>毛坯规格</td><td>φ45×120</td><td rowspan="2">共1页</td><td colspan="4" rowspan="2">初级考核综合训练任务五</td></tr>
<tr><td>工　时</td><td>180min</td></tr>
</table>

图11-5　初级考核综合训练任务五

二、工具、量具、刃具清单（表11-9）

表11-9　车削三角形螺纹轴的工具、量刀、刃具清单

类别	序号	名　称	规　格	分度值/mm	数量	备注
量具	1	外径千分尺	0～25mm，25～50mm	0.01	各1	
	2	游标卡尺	0～150mm	0.02	1	
	3	深度卡尺	0～200mm	0.02	1	
	4	游标万能角度尺	0°～320°	2′	1	
	5	螺纹量规	M27×2	6g	1	

（续）

类别	序号	名　称	规　格	分度值/mm	数量	备注
量具	6	光面塞规	ϕ22mm	H8	1	
刃具	1	90°外圆车刀	刀杆 25mm×25mm	—	1	
	2	45°端面车刀	刀杆 25mm×25mm	—	1	
	3	切槽刀	刀宽 4～5mm，$L>30$mm	—	1	
	4	不通孔车刀	$D\geqslant\phi18$mm，$L\leqslant30$mm	—	1	
	5	三角形外螺纹刀	$P=2$mm	—	1	
	6	麻花钻	ϕ20mm，莫氏锥度 No. 5	—	1	
	7	中心钻	B3/10	—	1	
工具	1	卡盘扳手	—	—	1	
	2	刀架扳手	—	—	1	
	3	加力杆	—	—	1	
	4	回转顶尖	莫氏锥度 No. 5	—	1	
	5	钻夹头	莫氏锥度 No. 5，1～13mm	—	1	
	6	铁屑钩子	—	—	1	
	7	油壶	—	—	1	
	8	刷子		—	1	
	9	螺钉旋具	一字，十字	—	各 1	
	10	垫刀片	—	—	若干	
	11	活扳手	12″	—	1	
	12	鸡心夹头		—	1	
	13	60°固定顶尖	自制	—	1	
	14	螺纹样板	30°、40°、60°	—	1	
	15	计算器		—	1	
材料	1	45 钢	ϕ45mm×120mm	—	1	
设备	1	车床	CA6140	—	1	

三、加工工艺分析

1）装夹毛坯工件外圆，伸出 70mm 左右，找正夹紧。

① 车削端面，钻中心孔。

② 钻 ϕ20mm 中心孔，长 21mm。

③ 粗、精车孔 $\phi22^{+0.033}_{0}$mm，长 $22^{+0.13}_{0}$mm。

④ 孔口倒角 1×60°。

⑤ 粗车外圆至 ϕ44mm，长 60mm 左右；ϕ39mm，长 39.5mm。

2）工件掉头，装夹 ϕ39mm 外圆，长 39.5mm 左右，找正夹紧。

① 车削端面，保证总长（116±0.175）mm，钻中心孔，一夹一顶装夹。

② 粗车外圆至 ϕ37mm，长 59.5mm；ϕ28mm，长 29.5mm。

③ 精车 M27×2 外圆，长 30mm；精车外圆 $\phi36^{0}_{-0.025}$mm，长（30±0.042）mm。

④ 粗、精车退刀槽 6mm×2mm；粗、精车槽 $\phi30^{0}_{-0.10}$mm×$10^{+0.11}_{0}$mm，保证宽 10mm。

⑤ 倒角 $C2$，去毛刺，锐角倒钝 $C0.5$。

⑥ 粗、精车 M27×2-6g。

3）两顶尖装夹。

① 精车外圆 $\phi38^{0}_{-0.039}$mm，长 $40^{0}_{-0.10}$mm；（ϕ43±0.031）mm。

② 粗、精车锥度（1:10）±6′，保证长 5mm。

③ 倒角 2×$C1$，去毛刺，锐角倒钝 $C0.5$。

4）检验。

四、车削三角形螺纹时的注意事项

1）加工工件前要准备充分，工具、量具、刃具有序摆放，检查工件毛坯的外圆与长度是否符合要求。

2）加工工件时，粗、精车应分开，各加工部分要选用合理的刀具与合理的转速。

3）加工工件时，要充分利用大、中、小滑板的刻度，提高计算能力及车削速度。

4）螺纹加工结束后，要及时打开开合螺母，防止发生安全事故。

5）两顶尖装夹时，自制前顶尖要车削一刀，修整锥面，鸡心夹头装夹要牢靠；前、后顶尖与工件中心孔之间的配合松紧程度必须合适。

五、评分标准（表11-10）

表11-10　初级考核综合训练任务五评分表　（单位：mm）

初级考核综合训练任务五评分表

班级　　　学号　　　姓名

检测项目		技术要求	配分	评分标准	检测结果	得分
外圆	1	$\phi43\pm0.031$，$Ra\,3.2\mu m$	6，2	超差0.01扣2分，降级无分		
	2	$\phi38^{\ 0}_{-0.039}$，$Ra\,3.2\mu m$	6，2	超差0.01扣2分，降级无分		
	3	$\phi36^{\ 0}_{-0.025}$，$Ra\,1.6\mu m$	6，3	超差0.01扣2分，降级无分		
	4	$\phi30^{\ 0}_{-0.10}$，$Ra\,3.2\mu m$	5，2	超差0.01扣2分，降级无分		
三角形螺纹	5	$\phi27^{\ 0}_{-0.26}$	2	超差无分		
	6	M27×2-6g，牙型两侧 $Ra\,3.2\mu m$	8，4	超差无分，降级无分		
	7	牙型角60°	1	不符合无分		
锥度	8	（1:10）±6′，$Ra\,3.2\mu m$	8，2	超差2′扣2分，降级无分		
孔	9	$\phi22^{+0.033}_{\ 0}$，$Ra\,3.2\mu m$	6，2	超差0.01扣2分，降级无分		
	10	$22^{+0.13}_{\ 0}$	3	超差无分		
沟槽	11	$10^{+0.11}_{\ 0}$，两侧 $Ra\,3.2\mu m$	3，2	超差无分		
	12	10	1	超差无分		
	13	6×2	1	超差无分		
长度	14	116±0.175，两端 $Ra\,3.2\mu m$	3，2	超差无分		
	15	$40^{\ 0}_{-0.10}$	2	超差无分		
	16	30±0.042	2	超差无分		
	17	5，30	1，1	超差扣分		
其他	18	◎ $\phi0.04$ A	4	超差无分		
	19	倒角1×60°，2×C1，C2	2	不符合无分		
	20	锐角倒钝C0.5，中心孔	3	不符合无分		
	21	安全文明实习	5	违反规定视情况扣分		
总配分			100	总得分		

任务名称：车削三角形螺纹轴（五）		图号：11-5		加工日期　年　月　日
加工开始　时　分	停工时间　分钟	加工时间		备注：
加工结束　时　分	停工原因	实际时间		

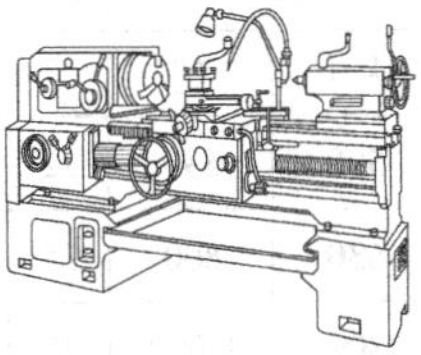

附　　录

附录 A　标准公差表

公称尺寸为0～3 150mm，公差等级为IT4～IT18的标准公差表见附表1（摘自GB/T 1800.1—2009）。

附表1　标准公差表

公称尺寸/mm		公差等级														
		IT4	IT5	IT6	IT7	IT8	IT9	IT10	IT11	IT12	IT13	IT14	IT15	IT16	IT17	IT18
大于	到	μm								mm						
—	3	3	4	6	10	14	25	40	60	0.10	0.14	0.25	0.40	0.60	1.0	1.4
3	6	4	5	8	12	18	30	48	75	0.12	0.18	0.30	0.48	0.75	1.2	1.8
6	10	4	6	9	15	22	36	58	90	0.15	0.22	0.36	0.58	0.90	1.5	2.2
10	18	5	8	11	18	27	43	70	110	0.18	0.27	0.43	0.70	1.10	1.8	2.7
18	30	6	9	13	21	33	52	84	130	0.21	0.33	0.52	0.84	1.30	2.1	3.3
30	50	7	11	16	25	39	62	100	160	0.25	0.39	0.62	1.00	1.60	2.5	3.9
50	80	8	13	19	30	46	74	120	190	0.30	0.46	0.74	1.20	1.90	3.0	4.6
80	120	10	15	22	35	54	87	140	220	0.35	0.54	0.87	1.40	2.20	3.5	5.4
120	180	12	18	25	40	63	100	160	250	0.40	0.63	1.00	1.60	2.50	4.0	6.3
180	250	14	20	29	46	72	115	185	290	0.46	0.72	1.15	1.85	2.90	4.6	7.2
250	315	16	23	32	52	81	130	210	320	0.52	0.81	1.30	2.10	3.20	5.2	8.1
315	400	18	25	36	57	89	140	230	360	0.57	0.89	1.40	2.30	3.60	5.7	8.9
400	500	20	27	40	63	97	155	250	400	0.63	0.97	1.55	2.50	4.00	6.3	9.7

（续）

公称尺寸/mm		公差等级														
		IT4	IT5	IT6	IT7	IT8	IT9	IT10	IT11	IT12	IT13	IT14	IT15	IT16	IT17	IT18
大于	到	μm								mm						
500	630	22	32	44	70	110	175	280	440	0.70	1.10	1.75	2.80	4.40	7.0	11.0
630	800	25	36	50	80	125	200	320	500	0.80	1.25	2.00	3.20	5.00	8.0	12.5
800	1 000	28	40	56	90	140	230	360	560	0.90	1.40	2.30	3.60	5.60	9.0	14.0
1 000	1 250	33	47	66	105	165	260	420	660	1.05	1.65	2.60	4.20	6.60	10.5	16.5
1 250	1 600	39	55	78	125	195	310	500	780	1.25	1.95	3.10	5.00	7.80	12.5	19.5
1 600	2 000	46	65	92	150	230	370	600	920	1.50	2.30	3.70	6.00	9.20	15.0	23.0
2 000	2 500	55	78	110	175	280	440	700	1 100	1.75	2.80	4.40	7.00	11.0	17.5	28.0
2 500	3 150	68	96	135	210	330	540	860	1 350	2.1	3.30	5.40	8.60	13.5	21.0	33.0

注：1. 公称尺寸大于500mm 的 IT4 ~ IT5 的标准公差数值为试行。

2. 公称尺寸小于1mm 时，无 IT14 ~ IT18。

附录 B　一般公差的公差等级和极限偏差数值

一般公差分为精密 f、中等 m、粗糙 c、最粗 v 共 4 个公差等级，附表 2 ~ 附表 4 按未注公差的线性尺寸和角度尺寸分别给出了各公差等级的极限偏差数值（摘自 GB/T 1804—2000）。

若采用本标准规定的一般公差，应在图样标题栏附近或技术要求、技术文件（如企业标准）中注出本标准号及公差等级代号。例如，选取中等级时，标注为 GB/T 1804—m。

附表 2　线性尺寸的极限偏差数值　（单位：mm）

公差等级	公称尺寸分段							
	0.5 ~ 3	>3 ~ 6	>6 ~ 30	>30 ~ 120	>120 ~ 400	>400 ~ 1 000	>1 000 ~ 2 000	>2 000 ~ 4 000
精密 f	±0.05	±0.05	±0.1	±0.15	±0.2	±0.3	±0.5	—
中等 m	±0.1	±0.1	±0.2	±0.3	±0.5	±0.8	±1.2	±2
粗糙 c	±0.2	±0.3	±0.5	±0.8	±1.2	±2	±3	±4
最粗 v	—	±0.5	±1	±1.5	±2.5	±4	±6	±8

附表 3　倒圆半径和倒角高度尺寸的极限偏差数值　（单位：mm）

公差等级	公称尺寸分段			
	0.5～3	>3～6	>6～30	>30
精密 f	±0.2	±0.5	±1	±2
中等 m				
粗糙 c	±0.4	±1	±2	±4
最粗 v				

注：倒圆半径和倒角高度的含义参见 GB/T 6403.4—2008。

附表 4　角度尺寸的极限偏差数值

公差等级	长度分段/mm				
	～10	>10～50	>50～120	>120～400	>400
精密 f	±1°	±30′	±20′	±10′	±5′
中等 m					
粗糙 c	±1°30′	±1°	±20′	±15′	±10′
最粗 v	±3°	±2°	±1°	±30′	±20′

注：其值按角度短边长度确定，对圆锥角按圆锥素线长度确定。

附录 C　常用切削用量表

硬质合金刀具切削用量可参考附表 5 选取，常用切削用量可参考附表 6 选取。

附表 5　硬质合金刀具切削用量推荐表

刀具材料	工件材料	粗加工			精加工		
		切削速度/(m/min)	进给量/(mm/r)	背吃刀量/mm	切削速度/(m/min)	进给量/(mm/r)	背吃刀量/mm
硬质合金或涂层硬质合金	碳素钢	220	0.2	3	260	0.1	0.4
	低合金钢	180	0.2	3	220	0.1	0.4
	高合金钢	120	0.2	3	160	0.1	0.4
	铸铁	80	0.2	3	120	0.1	0.4
	不锈钢	80	0.2	2	60	0.1	0.4
	钛合金	40	0.2	1.5	150	0.1	0.4
	灰铸铁	120	0.2	2	120	0.15	0.5
	球墨铸铁	100	0.2	2	120	0.15	0.5
	铝合金	1 600	0.2	1.5	1 600	0.1	0.5

附表 6　常用切削用量推荐表

工件材料	加工内容	背吃刀量 a_p/mm	切削速度 v_c/(m/min)	进给量 f/(mm/r)	刀具材料
碳素钢 $\delta_b>600$MPa	粗加工	5~7	60~80	0.2~0.4	YT 类 (ISO 牌号 P 类)
	粗加工	2~3	80~120	0.2~0.4	
	精加工	2~6	120~150	0.1~0.2	
	钻中心孔	—	500~800r·min^{-1}	—	W18Cr4V
	钻孔	—	25~30	0.1~0.2	
	切断（宽度<5mm）		70~110	0.1~0.2	YT 类 (ISO 牌号 P 类)
铸铁 HBW<200	粗加工	—	50~70	0.2~0.4	YG 类 (ISO 牌号 K 类)
	精加工	—	70~100	0.1~0.2	
	切断（宽度<5mm）		50~70	0.1~0.2	

参考文献

[1] 徐刚，黄庭曙. 车工技能训练［M］. 北京：机械工业出版社，2009.

[2] 杜俊伟. 车工技能训练：上册［M］. 北京：机械工业出版社，2008.

[3] 付宏生. 车工技能训练［M］. 北京：高等教育出版社，2006.

[4] 明立军，文恒军. 车工实训教程　丰田教学模式［M］. 北京：机械工业出版社，2007.

[5] 彭德荫. 车工工艺与技能训练［M］. 北京：中国劳动社会保障出版社，2001.

[6] 蒋增福. 车工工艺与技能训练［M］. 北京：高等教育出版社，2004.

[7] 朱丽军. 车工实训与技能考核训练教程［M］. 北京：机械工业出版社，2008.

[8] 高登峰，刘刚. 车工工艺与技能实训［M］. 西安：西北大学出版社，2008.